Mitarbeiter des Instituts im Juli 2012

Inhaltsverzeichnis **Seite**

1	**Vorbemerkung**	**1**
2	**Mitarbeiter**	**3**
2.1	Neue wissenschaftliche MitarbeiterInnen	4
3	**Lehre**	**5**
3.1	Vorlesungen	5
3.2	Gemeinsame Vorlesungen der EVT-Institute	11
3.3	Verfahrenstechnische Labore	11
3.4	Seminar für Energie- und Verfahrenstechnik	11
3.5	Studienarbeiten	12
3.6	Diplomarbeiten	13
3.7	Bachelorarbeiten	14
3.8	Masterarbeiten	16
3.9	Forschungspraktika /Projektarbeiten	16
3.10	Dissertationen	16
3.11	Exkursion/en	17
3.12	Kolloquium für Energie- und Verfahrenstechnik	17
3.13	Hochschulkurse	17
4	**Aktuelle Forschung**	**19**
4.1	Fouling und Reinigung	19
4.1.1	Aufklärung der Induktionsphase beim Kristallisationsfouling	19
4.1.2	Wärmetechnische Untersuchungen und Visualisierung der Belagbildung in Mikrowärmeübertragern	23
4.1.3	Entwicklung einer Produktionstechnologie für innen beschichtete Rohre mit Antifoulingeigenschaften - InCoPi	26
4.1.4	Verminderung der Belagbildung in Reaktoren und Wärmeübertragern in Polymerisationsverfahren	28
4.1.5	Steigerung der Reinigungseffizienz in geschlossenen Fluidsystemen durch pulsierende Strömungen	32
4.1.6	Nachhaltige Reinigung und Desinfektion in der Verarbeitung von frisch geschnittenen Lebensmitteln	36
4.1.7	Fouling bei der Wärmebehandlung von Milch in einem Plattenwärmeübertrager	39
4.1.8	Entwicklung eines verschmutzungsresistenten Wärmeübertragers für mit Biogas betriebenen Blockheizkraftwerken	42
4.2	Energieeffizienz	46
4.2.1	Erweiterte Einsatzmöglichkeiten von Naturumlaufverdampfern durch Turbulenzpromotoren und strukturierte Rohre	46
4.2.2	Rektifikation viskoser Systeme	49
4.2.3	Einsatz von Thermoblechapparaten als Naturumlaufverdampfer - InnovA^2	53
4.2.4	Ökobilanzielle Bewertung von Maßnahmen zur Prozess-Intensivierung	55

4.2.5 Untersuchung des Benetzungsverhalten von Thermoblech-fallfilmverdampfern 58
4.2.6 Integrierte Ressourceneffizienzanalyse zur Reduzierung der Klimabelastung von Produktionsstandorten der chemischen Industrie – InReff 60
4.2.7 Rückgewinnung von Elektrolytlösungsmitteln aus Lithium-Ionen-Batterien 62
4.3 Mikroverfahrenstechnik 64
4.3.1 Vom Batch zur Kontifertigung: Neue Prozessfenster und Fertigungsstrategien durch Mikroproduktionstechnologie 64
4.3.2 Umstellung von batchweise auf kontinuierliche Fertigung unter Nutzung mikroverfahrenstechnischer Komponenten 66
4.4 Biotechnologische und pharmazeutische Verfahren 69
4.4.1 Integration von Reaktion und Produktabtrennung für trienzymatisch katalysierte Synthesen hochwertiger Oligosaccharide aus Saccharose 69
4.4.2 Kristallisation von Lipidnanopartikeln in Mikrowärmeübertragern 72
4.5 Advanced Fluids 77
4.5.1 Steigerung der technischen Verfügbarkeit und der Wirtschaftlichkeit ionischer Flüssigkeiten durch produktschonende Entwässerung 77
4.5.2 Reinigung ionischer Flüssigkeiten mittels Adsorption 81
4.6 Studentische Gruppen 84
4.6.1 Bierbrau-AG 84

5 Dissertationen 85
5.1 Optimierte Produktgewinnung und Regeneration bei der reaktionsintegrierten Adsorption 85
5.2 Fallfilmverdampfung viskoser Reinstoffe unter Berücksichtigung der Einlaufgeometrie 91
5.3 Konvektiver Wärmetransport an mikrostrukturierten Oberflächen 98
5.4 Einsatz ionischer Fluide als Katalysator in der homogenen Reaktivdestillation 105

6 Veröffentlichungen und Vorträge 112
6.1 Veröffentlichungen 112
6.2 Vorträge 114

7 Forschungsaufenthalte im Ausland und Gastwissenschaftler 120
7.1 Auslandsaufenthalte 120
7.2 Gastwissenschaftler 120

8 Mitarbeit in Gremien 120

1 Vorbemerkung

Ich freue mich, Ihnen den fünften Institutsbericht des Instituts für Chemische und Thermische Verfahrenstechnik der Technischen Universität Carolo-Wilhelmina zu Braunschweig vorlegen zu können. Er stellt unsere Aktivitäten in Forschung und Lehre in den Jahren 2011 und 2012 vor.

Diese letzten beiden Jahre waren gekennzeichnet durch die Einwerbung mehrerer Verbundprojekte rund um das Thema Energie und Energieeffizienz. Zusammen mit dem Institut für Mikroverfahrenstechnik des Karlsruher Institut für Technologie und drei weiteren Industriepartnern konnte das vom BMWi geförderte Projekt *„Steigerung der Energieeffizienz von Produktionsprozessen durch Umstellung von batchweiser in kontinuierliche Fertigung unter Nutzung mini- und mikroverfahrenstechnischer Komponenten µKontE"* eingeworben werden. Durch die Umstellung von absatzweiser auf kontinuierliche Fertigungen sollen Wärmeintegrationspotenziale erschlossen werden, die für Batchprozesse nicht oder nicht wirtschaftlich darstellbar wären. In dem vom BMBF geförderten Verbundprojekt *„Integrierte Ressourceneffizienzanalyse zur Reduzierung der Klimabelastung von Produktionsstandorten der chemischen Industrie InReff"* wird mit zwei Praxispartnern, der H. C. Starck GmbH, Goslar, sowie der Sachtleben Chemie GmbH, Duisburg, und drei Forschungs- und Entwicklungspartnern unter Federführung der ifu Hamburg GmbH die Steigerung der Ressourceneffizienz durch verbesserte Prozessintegration angestrebt. Die Identifikation und Quantifizierung von Effizienzpotenzialen soll durch das Zusammenwirken von Fließbildsimulation und Stoffstrommodellierung befördert werden. Im Arbeitsgebiet „Fouling und Reinigung" sind wir seit 01.01.2012 in das von der EU geförderte Verbundprojekt *„Sustainable Cleaning and Disinfection in Fresh-Cut Food Industries SusClean"* eingebunden. Ziel ist hier die Reduzierung des Einsatzes von Chemikalien, insbesondere Chlor, sowie des Anfalls von Abwasser bei der Verarbeitung frisch geschnittener Lebensmittel. Unsere bisherigen Arbeiten zur Haftungsminderung durch beschichtete Oberflächen sowie zum Einsatz pulsierender Strömung zur schnelleren Reinigung bilden hier eine sehr gute Grundlage für unseren Projektbeitrag. Die Koordination liegt beim INRA in Lille/F. Und last but not least sind wir in das vom BMU geförderte Verbundprojekt *„LithoRec II Recycling von Lithium-Ionen-Batterien"* eingebunden. Ziel des Projektes sind der Bau und Betrieb einer Pilotanlage zum Recycling der in Lithium-Ionen-Batterien enthaltenen Wertstoffe. Am ICTV werden dazu die Extraktion der Elektrolytlösemittel aus der geschredderten Batterie, die Rückgewinnung der Lösemittel aus Inertgasströmen mittels Adsorption sowie die Reindarstellung mittels Rektifikation durchgeführt.

Neben diesen Verbundprojekten wurden verschiedene Einzelprojekte eingeworben, von denen besonders das zusammen mit dem Institut für Verarbeitungsmaschinen und Mobile Arbeitsmaschinen, Professur für Verarbeitungsmaschinen / Verarbeitungstechnik der TU Dresden gemeinschaftlich bearbeitete Thema der Reinigung lebensmittelverarbeitender Anlagen mittels pulsierender Strömung erwähnt werden soll.

In mehreren dieser Projekte ist dabei die ökologische Bewertung von verfahrenstechnischen Prozessen auf Basis eines Stoffstrommodells eine zentrale Forschungsfragestellung. Sei es aufgrund bereits existierender oder sich abzeichnender gesetzlicher Vorgaben sind viele Firmen am ökologischen Profil ihrer Produktionsprozesse interessiert. Im Stadium der Verfahrensentwicklung kann damit ein ökologisch vorteilhafter Prozess entwickelt werden, während für bereits betriebene Prozesse die Identifikation und Quantifizierung ökologischer Verbesserungspotentiale im Vordergrund steht.

Ein besonderes Highlight der letzten beiden Jahre war sicherlich die Einwerbung eines Forschungsbaus für Pharmaverfahrenstechnik für 28,5 Mio Euro. Diese Summe wird je zur Hälfte vom Bund und vom Land Niedersachsen getragen und wird der TU Braunschweig eine in Deutschland einzigartige Forschungseinrichtung auf diesem Gebiet bescheren. Der zugehörige Forschungsverbund, das *Science Center of Pharmaceutical Engineering SCOPE*, mit Wissenschaftlern aus allen NTH-Standorten ist inzwischen auch gegründet, so dass für eine weitere Intensivierung dieser sehr erfreulichen Kooperation beste Voraussetzungen gegeben sind.

In einer Baumaßnahme am Institut haben wir nach dem Ausscheiden unseres langjährigen Elektronikers Herrn Pfeil die Elektronikwerkstatt in zwei Räume geteilt. In einem Teil ist unsere neue Elektronikwerkstatt untergebracht, in der zweiten Hälfte ein weiteres neues Labor für die Fouling- und Pharmaforschung.

Im Bereich Studium und Lehre sind inzwischen alle Lehrangebote auf das neue Bachelor-/Mastersystem umgestellt. Nachdem uns der doppelte Abiturjahrgang in Niedersachsen zum WS 2011/2012 deutlich erhöhte Anfängerzahlen im Maschinenbau und Wirtschaftsingenieurwesen Maschinenbau beschert hatte, sind diese Zahlen zum jetzigen Wintersemester 2012/2013 wieder auf das vorherige Niveau gesunken.

Ich darf Sie nun herzlich zur Lektüre unseres Institutsberichtes 2011/2012 einladen. Sollten Sie Kommentare oder Anregungen dazu oder auch zu Themen oder Form des Heftes haben, freue ich mich über Ihre Rückmeldungen.

Ich danke allen Mitarbeiterinnen und Mitarbeitern des ICTV, allen Studierenden als Studien-, Diplom-, Bachelor- oder MasterarbeiterInnen bzw. studentischen Hilfskräften sowie allen universitären und industriellen Partnern für ein großes Engagement und Mitwirkung in den zurück liegenden Jahren. Die sehr erfreuliche Entwicklung unseres ICTV wird durch Sie alle mitgetragen und gestaltet.

Braunschweig, im Dezember 2012

Stephan Scholl

2 Mitarbeiter

Geschäftsführender Leiter:	Prof. Dr.-Ing. Stephan Scholl	
Sekretariat:	Marion Harms	
	Vivien Buckiewicz	(ab 05.07.2012)
Akademischer Direktor:	Dr.-Ing. Wolfgang Augustin	
Emeritus:	Prof. Dr.-Ing. Matthias Bohnet	
Wissenschaftliche Mitarbeiter:	Dipl.-Ing. Stefanie Arndt	(bis 31.12.11)
	Cristiane Boxler, M.Eng.	
	Dipl.-Ing. Christian Bradtmöller	
	Dr. rer. nat. Susann Dorn	(bis 30.09.12)
	Dipl.-Ing. (FH) Henning Föste	
	Dipl.-Ing. Robert Goedecke	
	Dipl.-Ing. Laura Grundemann	
	Dipl.-Ing. Paul Haas	(ab 01.11.12)
	Dipl.-Ing. Jochen Hammerschmidt	
	Dipl.-Ing. Steffi Höft	
	Dipl.-Chem. Jan C. Kuschnerow	
	Dr.-Ing. Katharina Jasch	
	Dipl.-Ing. Deike Laue	(01.01.11-31.05.12)
	Dipl.-Ing. Moriz Mayer	
	Dipl.-Ing. Martin Schoenitz	
	Dipl.-Ing. Karl Siebeneck	(ab 01.02.11)
	Dipl.-Ing. Friederike Stehmann	(ab 01.11.12)
	Dipl.-Ing. Ariane Unterlauft	(ab 01.01.12)
	Dipl.-Biotechnol. Thomas Waluga	
	Dipl.-Ing. Niels Wellner	
	Dipl.-Ing. Matthias Wengerter	(ab 01.10.12)
	Mandy Wesche M.Sc.	(ab 01.09.11)

Labor:	Sabine Knoblauch	
	Anke Radeleff	
	Simone Schulze	
Elektronikwerkstatt:	Jörg Leppelt	(ab 01.06.12)
	Karl-Heinz Pfeil	(bis 31.03.12)
Werkstatt:	Artur Ermisch	(bis 16.03.12)
	Karl Karrenführer	
	Sven Lorenzen	(ab 01.08.12)
Auszubildende:	Vivien Buckiewicz (kfm)	(bis 04.07.12)
	Michelle Klages (kfm)	(ab 16.07.12)
	Marcel Peters (tech)	
Studentische Hilfskräfte:	65	

2.1 Neue wissenschaftliche MitarbeiterInnen

Paul Haas

Studium	*TU Braunschweig,*
Studiengang	*Bioingenieurwesen - Diplom*
Diplomarbeit	*Charakterisierung der Zerkleinerung von pharmazeutischen Wirkstoffen in Rührwerkskugelmühlen*
ICTV-Arbeitsgruppe/n	*Energie- und Ressourceneffizienz*

Karl Siebeneck

Studium	*TU Braunschweig,*
Studiengang	*Maschinenbau / Energie- und Verfahrenstechnik - Diplom*
Diplomarbeit	*Minimaler Wassergehalt Ionischer Flüssigkeiten bei der Entwässerung in einem Metallfilmverdampfer*
ICTV-Arbeitsgruppe/n	*Fouling und Reinigung* *Energie- und Ressourceneffizienz*

Friederike Stehmann

Studium	*TU Braunschweig,*	
Studiengang	*Bioingenieurwesen - Diplom*	
Diplomarbeit	*Pulsierende Strömung: Untersuchung der Reinigungsleistung in einer industrienahen Anlage und der Einsatzmöglichkeiten temporärer Pulsation*	
ICTV-Arbeitsgruppe/n	*Energie- und Ressourceneffizienz*	

Ariane Unterlauft

Studium	*Doppeldiplom TU Braunschweig/ Université de Technologie de Compiègne*	
Studiengang	*Bioingenieurwesen - Diplom*	
Diplomarbeit	*Optimization of the ubiquinone production process from industrial residuals using Rhodopseudomonas palustris*	
ICTV-Arbeitsgruppe/n	*Mikroverfahrenstechnik* *Fouling und Reinigung*	

Matthias Wengerter

Studium	*RWTH Aachen,*	
Studiengang	*Maschinenbau / Verfahrenstechnik und Wirtschaftswissenschaften - Diplom*	
Diplomarbeit	*Optimierte Wartungsintervalle durch geplante Wartung und Instandhaltung am Beispiel einer Produktionslinie für aseptische Produkte*	
ICTV-Arbeitsgruppe/n	*Mikroverfahrenstechnik*	

Mandy Wesche

Studium	*TU Braunschweig,*	
Studiengang	*Biotechnologie / Prozesstechnologie - Master*	
Masterarbeit	*Ökobilanzierung am Beispiel der Katalysator-umstellung für eine Umesterung*	
ICTV-Arbeitsgruppe/n	*Energie- und Ressourceneffizienz*	

3 Lehre

3.1 Vorlesungen

Prof. Dr.-Ing. Stephan Scholl

Einführung in Stoffwandlungsprozesse	(SS, VL 02, UE 01)
Grundoperationen der Fluidverfahrenstechnik	(SS, VL 02, UE 01)
Hybride Trennverfahren	(SS, VL 02, UE 01)

Chemische Verfahrenstechnik	(SS, VL 02, UE 01)
Computer Aided Process Engineering I (Introduction)	(SS, VL 02, UE 01)
Grundlagen der Thermischen Verfahrenstechnik (für Biotechnologen)	(WS, VL 02, UE 01)
Thermische Verfahrenstechnik für Fortgeschrittene (für Biotechnologen)	(SS, VL 02, UE 01)

Prof. Dr.-Ing. Stephan Scholl, Dr.-Ing. Wolfgang Augustin

Computer Aided Process Engineering II (Design Verfahrenstechnischer Anlagen)	(WS, VL 02, UE 01)
Einführung in die Mehrphasenströmung	(SS, VL 02, UE 01)

Prof. Dr.-Ing. Uwe Klausmeyer, PTB

Prozess- und Anlagensicherheit (SS, VL 01)

Dr. rer. nat. Olaf Klein, VW

Elektrochemische Verfahrenstechnik und Brennstoffzellen (SS, VL 02)

Prof. Dr.-Ing. habil. Peter Ulbig, PTB

Messtechnik in der Energie- und Verfahrenstechnik (WS, VL 01)

Inhalte der Vorlesungen

Einführung in Stoffwandlungsprozesse

Die Vorlesung wird als Wahlpflichtfach im Vordiplom der Studiengänge für Maschinenbau und Bioingenieurwesen angeboten. Wesentliche Vorlesungsinhalte sind:

- Der stoffwandelnde Produktionsprozess im Zusammenhang: Rohstoffe, Hilfsstoffe, Edukte und Produkte, Wertschöpfungsketten, Verbund.
- Die Grundelemente eines Produktionsprozesses: Hauptprozessfunktionen, die Verfahrensfunktion und ihre apparative Umsetzung.
- Reaktionen und Reaktoren: Stöchiometrie, Umsatz, Selektivität, Ausbeute, Gleichgewicht und Kinetik.
- Produktaufarbeitung und -darstellung: Das Konzept der Grundoperationen, Überlagerung Reaktion und Stofftrennung, Produktdarstellung, Product Design, Prozessintegration.

Grundoperationen der Fluidverfahrenstechnik, Hybride Trennverfahren
In den Vorlesungen Grundoperationen der Fluidverfahrenstechnik und Hybride Trennverfahren werden die verschiedenen Grundoperationen der thermischen Stofftrennung mit ihren theoretischen Grundlagen, apparativen Umsetzungen und verfahrenstechnischen Anwendungen vorgestellt. Charakteristisch für diese Trennverfahren ist die Anwesenheit von mindestens zwei Phasen, die nicht im Gleichgewicht stehen bzw. bei denen die Einstellung des Gleichgewichtes permanent gestört wird. Es werden dadurch Austauschvorgänge für Impuls, Wärme und Stoffe ausgelöst, die zu einer Stofftrennung führen.

Die Vorlesung **Grundoperationen der Fluidverfahrenstechnik** umfasst die Kapitel:
- Stoffdaten von Reinstoffen und Gemischen
- Phasengleichgewichte: Dampf-flüssig, flüssig-flüssig, flüssig-fest
- Verdampfung und Kondensation: Wärmeübergang, Betriebsverhalten, Fouling
- Kristallisation: Eindampfung von Lösungen, Mehrstufenverdampfung, Wärmeintegration
- Rektifikation: Verstärkungs- und Abtriebssäule, minimales Rücklaufverhältnis, McCabe-Thiele-Diagramm, h-x-Diagramm
- Absorption: Ab- und Desorption, minimale Waschmittelmenge, Kreislauffahrweise, Stoffübergang, HTU-NTU-Konzept

In der Vorlesung **Hybride Trennverfahren** werden behandelt:
- Extraktion: Flüssig-flüssig- und Fest-flüssig-Extraktion, Polstrahlverfahren, Mixer-Settler, Extraktionskolonne
- Adsorption und Chromatographie: Gleichgewicht und Kinetik, Durchbruchsverhalten, Einzelkorn, Festbett, Adsorbentien, Simulated Moving Bed, Transport in porösen Feststoffen
- Trocknung: 1. und 2. Trocknungsabschnitt, Wärme- und Stoffübergang bei der Trocknung, Trocknungsverfahren
- Membranverfahren: Umkehrosmose, Mikrofiltration, Nanofiltration, Pervaporation

Chemische Verfahrenstechnik
In der Vorlesung werden die wesentlichen Aspekte zur Realisierung von Reaktionsschritten in chemischen Produktionsverfahren sowie zur Integration von Reaktion und Stofftrennung vermittelt:

- Grundlagen
  - Gleichgewicht: Physikalisch, chemisch
  - Kinetik: Wärme- und Stoffübergang, Reaktionskinetik
  - Reaktionstypen, homogene und heterogene Katalyse
  - Stoff- und Energiebilanzierung
- Reaktionsprozesse und Reaktoren
  - Laborreaktoren: Rührzelle, Laminarstrahlkammer, Differenzialkreislaufreaktor

- Technische Reaktortypen: Einsatzgebiete, Grundlagen der Berechnung
- Isotherme vs. nicht-isotherme Reaktoren

- Kombination von Reaktion und Stofftrennung
  - Chemisorption, Reaktivrektifikation, Reaktivextraktion

Computer Aided Process Engineering 1 (Introduction)

Based on the theory for thermal separation processes as presented in Thermische Verfahrenstechnik I the typical workflow for process design and optimization is demonstrated. Commercial software products are employed for modelling and simulation of the following tasks:

- Physical properties and phase equilibria: Data retrieval, regression of experimental data, parameter estimation
- Two phase flash: Single stage separation, integral vs. differential operation mode
- Rigorous modelling of a rectification column: Binary mixture, multicomponent mixture, design specifications, sensitivity analysis
- Flow sheet simulation for multistage separation: Feed forward, recycles
- Equipment design: Selection and sizing for distillation columns, heat exchangers, reboilers, condensers
- Costing, process optimization

The lecture is presented in English language at the Institutes Electronic Classroom.

Computer Aided Process Engineering 2 (Design verfahrenstechnischer Anlagen)

Die Vorlesung vermittelt die Grundlagen der Anlagenplanung und wird durch eine Projektarbeit zum Design eines vollständigen verfahrenstechnischen Prozesses begleitet. Dabei wird eine kommerzielle Software für die Fließbildsimulation verwendet. Hauptthemen der Vorlesung sind:

- Prozessdatenbeschaffung (z.B. physikalische Eigenschaften, Sicherheitsdaten, Kapazitätsdaten)
- Prozessentwicklung anhand von Reaktionsgleichungen
- Wärme- und Massenbilanzen, Fliessbildsimulation
- Dimensionslose Kennzahlen für die überschlägige Dimensionierung von Apparaten
- Auswahl und genaue Dimensionierung geeigneter Apparate (z.B. Kolonnen, Wärmeübertrager)
- Computer Aided Process Engineering
- Kostenschätzung
- Rechtliche Aspekte (z.B. Umweltauflagen, Genehmigungsverfahren)

Grundlagen der Thermischen Verfahrenstechnik / Thermische Verfahrenstechnik für Fortgeschrittene (für Biotechnologen)
Grundlage für die Auslegung von Apparaten in der thermischen Verfahrenstechnik ist die Berechnung des Wärme- und Stoffaustausches zwischen mindestens zwei Phasen unterschiedlicher Zusammensetzung. Die für die Transportvorgänge notwendigen treibenden Kräfte ergeben sich aus dem Ungleichgewicht bezüglich Temperatur und Konzentrationen zwischen den in Kontakt stehenden Phasen. Nach einer kurzen Darstellung der Grundlagen zu Wärme- und Stoffübertragung sowie zur Ähnlichkeitstheorie werden die thermischen Grundoperationen der Verfahrenstechnik behandelt, die am häufigsten in der Bioverfahrenstechnik Anwendung finden: Verdampfung und Kondensation, Kristallisation, Rektifikation, Absorption; Extraktion; Adsorption und Chromatograhie, Trocknung, Membranverfahren.

Einführung in die Mehrphasenströmung
Neben den einphasigen Strömungen sind in der Verfahrenstechnik die zwei- und dreiphasigen Strömungen von großer Bedeutung. Diese treten nicht nur beim Transport der Stoffe zwischen den einzelnen Apparaten der thermischen Trenntechnik und den Reaktoren auf, sondern bestimmen auch die Konstruktion der Apparate selbst, z. B. Wirbelschicht- und Rührreaktoren. Weitere Anwendungsgebiete der Mehrphasenströmungen sind die pneumatische und hydraulische Förderung, sowie die damit verbundenen Aufgabe- und Abscheidevorrichtungen, z. B. Injektoren und Zyklone. In der chemischen Reaktionstechnik, der Biotechnologie und anderen Gebieten der Verfahrenstechnik findet man in zunehmendem Maße auch Dreiphasenströmungen aus Gas, Feststoff und Flüssigkeit, z. B. in Dreiphasen-Wirbelschicht-Reaktoren.
Nach einer Darstellung der strömungstechnischen Grundlagen (Rohrströmung, Ähnlichkeitstheorie, Partikelumströmung, Bildung von Blasen und Tropfen) erfolgt eine Beschreibung der wichtigsten Verfahren und Apparate der Mehrphasenströmungen (z. B. Blasensäulen, Strömungen durch Blenden, Austauschböden und Füllkörpersäulen).

Prozess- und Anlagensicherheit
Planung und Betrieb der Prozessführung in verfahrenstechnischen Anlagen sowie der Anlagenkomponenten selbst sind oft begleitet von umfangreichen sicherheitstechnischen Fragestellungen. Das Engineering der Prozesse und Massenströme kann in Zwischenstufen Risiken ergeben, die durch eine sorgfältige Gefahrenanalyse zu bewerten sind.
Die Vorlesung vermittelt die wichtigsten Grundlagen verfahrenstechnischer Sicherheitstechnik in den beiden Fachgebieten

- Analyse der Sicherheit des Prozesses und der Prozessführung und
- Sicherheit der Anlagen und ihrer Komponenten.

Vorlesungsschwerpunkte:

1. Beispiel: eine Lösemittelrückgewinnungsanlage (z.B. Aceton/Wasser)

2. Auslegung des Trennverfahrens (Destillation, Rektifikation)
3. Beschaffung der sicherheitstechnischen Kenngrößen (Dampfdrücke, untere und obere Explosionsgrenze, Lagerungskenngrößen, Zündenergie, elektrostatische Zündgefahren, Explosionsgasgruppe des Dampf-/Luftgemisches etc.)
4. Risikoanalyse der Gesamtanlage inklusive der verfahrenstechnischen Einzelschritte (z. B. Ausfall der Kondensation, Aufzeigen von Sicherheitsmaßnahmen)
5. Auslegung der zu- und abgeführten Stoffströme (Lagerung, Transport, Förderung), staatliche Transport- und Lagerungsvorschriften
6. Auslegung der Prozessleittechnik (MSR) mit Blick auf die abzuwehrenden Sicherheitsrisiken
7. Dokumentation der sicherheitstechnischen Auslegung.

Elektrochemische Verfahrenstechnik und Brennstoffzellen

Die Vorlesung vermittelt den Aufbau und die Einsatzmöglichkeiten von verschiedenen Typen von Brennstoffzellen.

Aufbauend auf der Vorlesung „Mobile Brennstoffzellenanwendungen" wird vertiefend auf die elektrochemischen Vorgänge im Inneren von Brennstoffzellen eingegangen. Eckpfeiler der Vorlesung sind im Einzelnen:

1. Sozio-Ökonomische Einordnung des Themas Brennstoffzelle
2. Erläuterung von elektrochemischen Grundlagen
3. Vermittlung der notwendigen thermodynamischen Grundlagen
4. Vorstellung von Grenzflächen Phänomenen
5. Einführung in Reaktionskinetik
6. Ableitung der Butler- Volmer Gleichung
7. Diskussion auftretender Überspannungen
8. Vorstellung verschiedener Brennstoffzellen, Brennstoffzellensystemen und deren Anwendungen
9. Vorstellung moderner Messmethoden (z.B. Impedanz Spektroskopie, Cyclo Voltametrie)

Messtechnik für die Energie- und Verfahrenstechnik

Die Vorlesung gibt einen Überblick über die für die Verfahrenstechnik relevanten Messtechniken mit Hinweisen zum Aufbau einer leistungsfähigen Messdatenerfassung für Laborzwecke. Desweiteren werden Beispiele zu industriellen Prozessleittechniken erläutert.

Die Kapitel der Vorlesung gliedern sich in folgender Weise:

1. Temperatur
2. Druck und Druckdifferenzen
3. Feuchte
4. elektrische Größen
5. Masse
6. Dichte (Flüssigkeiten und Gase)

7. Durchfluss (Flüssigkeiten, Gase, heterogene Phasen)
8. Massenstrom (Flüssigkeiten, Gase, heterogene Phasen)
9. Füllstand (Flüssigkeiten, Schüttungen)
10. On-line Analytik für Gaszusammensetzung
11. On-line Analytik für flüssige Gemische
12. Partikelmesstechnik
13. Messtechnik für Ex-geschützte Zonen
14. Messtechnik zur Reinraumüberwachung
15. Grundlagen von RI-Fließbildern (normative Grundlagen, Beispiele)
16. Aufbau einer leistungsfähigen Labordatenerfassung
17. Prozessleittechnik (Bussysteme, graphische Benutzeroberflächen, Datenspeicherung)

3.2 Gemeinsame Vorlesungen der EVT-Institute

Profs. Kwade, Scholl

Mikroverfahrenstechnik (WS, VL 02, UE 01)

Profs. Friedrich, Krewer, Scholl

Numerische Simulation (CFD) (WS, VL 02, UE 01)

3.3 Verfahrenstechnische Labore

Die Verfahrenstechnischen Labore sind individuell nach Studiengang Bestandteil der Module in den Bachelor- und Masterstudiengängen:

- Phasengleichgewichte
- Extraktion
- Rektifikation
- Adsorption
- Kristallisation
- Membranlabor
- Absorption

3.4 Seminar für Energie- und Verfahrenstechnik

Wintersemester 2010/2011 bis Sommersemester 2012

Duderstadt, Niklas	Fraktalanalyse & Perkolation
Mbiti, Charlene	Rektifikation viskoser Gemische, wie die Viskosität die Trennung beeinflusst
Bootsmann, Eike	Ionische Flüssigkeiten in industriellen Anwendungen: Stand der Technik und Möglichkeiten

Stehmann, Friederike	„Bauer sucht Dipl.-Ing.“. Biogasaufbereitung in der Landwirtschaft
Diekmann, Jan	CO_2 als Rohstoff? Möglichkeiten für Entsorgung und stoffliche Nutzung
Reck, Vanessa	Wirkstoff-Routen in den Körper
Deibert, Felix	Molekularverdampfer: Anwendungen, Möglichkeiten, Grenzen
Mika, Anna-Maria	Hybride Verfahren – Synergieeffekte durch Kombination
Dierking, Ann Lisa	Es grünt so grün .... – Ökologische Bewertungen in der Verfahrenstechnik
Manz, Michelle	Ionische Flüssigkeiten – Die etwas anderen Salze
Musiot, Martin	Multitasking in der Verfahrenstechnik – Hybridverfahren
Ziemer, Inken	Alles im grünen Bereich? – Bewertung ökologischer Auswirkungen verfahrenstechnischer Prozesse
Jakimov, Pavel	Materialflusskostenrechnung (MFKR) – Ein Werkzeug in der Verfahrensentwicklung und –optimierung
Rosal, Johannes	Adhäsion – Wieso klebt der Uhu?
Warmeling, Nils	DLC-Beschichtungen in der Verfahrenstechnik

3.5 Studienarbeiten

58	Kurle, Dennis	Response of Minimum-Weight Structures under Quasi-Static and Transient Loadings
59	Giesche, Jan	Explosionsdruckreduzierung mit Hilfe poröser Materialien
60	Valadez Huerte, Gerardo	Simulation des Kristallisationsfouling mittels Populationsbilanzierung
61	Philipp, Dirk	Investigation of shear stress and its implication on sedimentation fouling induced by hiTRAN wire matrix elements

62	Wang, Hui	Algenproduktion als Rohstoffquelle und CO_2-Senke
63	Schmidt, Thomas	Biofiltration of air contaminated by butanol
64	Bootsmann, Eike	Mindestberieselungsdichte in Fallfilmverdampfern
65	Manz, Michelle	Darstellung und Charakterisierung von geträgerten Ionischen Flüssigkeiten
66	Dierking, Anna Lisa	Reinigung Ionischer Flüssigkeiten von hochsiedenden Verunreinigungen
67	Mika, Anna-Maria	Effizienzbetrachtung mikrostrukturierter Wärmeübertragungsflächen mittels CFD
68	Garth, Jan-Christopher	Evaluierung einer 3D Fouling-Detektion von pharmazeutischen Ablagerungen in einem Mikrowärmeübertrager
69	Kaup, Frederik	Reinigung von Molkeproteinablagerung auf beschichteten Oberflächen
70	Reck, Vanessa	Einfluss von Ultraschall auf die Polymorphie von festen Lipidnanopartikeln während der Kristallisation
71	Warmeling, Niels	Computergesteuerte Fouling-Detektion in einem Mikrowärmeübertrager
72	Koppe, Eric	Bewertung des Foulingverhaltens eines Abgaswärmeübertragers beim Einsatz von Biogas in Mikroblockheizkraftwerken
73	Schmidt, Thomas	Biofiltration of fair contaminated by butanol

3.6 Diplomarbeiten

60	Duderstadt, Niklas	Durchflussüberwachung der Coater-Lackzuführung einer Flachstahl-Bandbeschichtungsanlage
61	Lippky, Gesa	Simulation eines alkalischen Brennstoffzellsystems

62	Weiland, Claudia	Ökobilanzielle Bewertung kontinuierlicher Produktionsprozesse aufbauend auf einer Fließbildsimulation
63	Genze, Alexander	Optimierung der technischen Sauberkeit von Kurbelwellen und Untersuchungen zur Charakterisierung des Badzustandes wässriger Reinigungssysteme
64	Lichtner, Alexander	Entwicklung eines Verfahrens zur Fest-Flüssig-Extraktion mit dem Flüssiggas Dimethylether
65	Perschmann, André	Fluiddynamische Untersuchungen von einflutigen Glockenböden
66	Stehmann, Frederike	Pulsierende Strömung: Untersuchung der Reinigungsleistung in einer industrienahen Anlage und der Einsatzmöglichkeiten temporärer Pulsation
67	Tetzner, Steve	Untersuchung zur Einsetzbarkeit eines Membranbioreaktors zur Abwasserreinigung in der obstverarbeitenden Industrie
68	Lörcher, Marianne	Ökobilanzielle Bewertung von Prozessen auf Mehrproduktanlagen
69	Borowiak, Nadine	Verbesserung des Normverfahrens zur Bestimmung der Geruchsreduzierung von Dunstabzugshauben
70	Hofer, Anni	Optimierungspotentiale oberflächennaher Geothermie unter Berücksichtigung der Integration verschiedener Wärmequellen
71	Sabugo Garcia, Nuria	Untersuchung von Trennleistung und Fluiddynamik einer Miniplant-Rektifikationskolonne mit strukturierter Packung
72	Naumann, Dennis	Untersuchungen zu stofflichen Veränderungen von Trocknungsgütern unter Temperatur- und Druckbedingungen der Dampfwirbelschicht

3.7 Bachelorarbeiten

4	Greis, Alina	Design von Wärmeübertragern bei Prozessen mit Anfälligkeit für Kristallisationsfouling
5	Poppe, Miriam	Einfluss der Viskosität auf den Hold-up einer Packungskolonne
6	Friederich, Marco	Abtrennung von CO_2 aus Abgasen von Dieselbetriebwagen

7	Radkowitsch, Florian	Reichweite einer pulsierenden Strömung in einer industriellen Anlage
8	Grommisch, Lena	Konzept für die kontinuierliche Herstellung von Farbemulsionen mittels mikroverfahrenstechnischer Komponenten
9	Laufer, Kristina	Bewertung verschiedener Modellverschmutzungssysteme zur Untersuchung der Wirksamkeit unterschiedlicher CIP-Strategien
10	Scholz, Vanessa	Methodenentwicklung einer reproduzierbaren Erzeugung von Pharma-Foulingschichten
11	Rudolph, Martin	Untersuchung des Reinigungsverhalten von Molkeproteinablagerungen in einem Ringspalt mit Hilfe des Fluid Dynamic Gaugings
12	Sermivitayakul, Nuntaporn	Kristallisationsfouling und Reinigung in einem Mikrowärmeübertrager
13	Prölß, Justus	Vergleich verschiedener Verfahren zur Beurteilung des Alterszustandes von Abgaskatalysatoren
14	Popov, Wjatscheslav	Aufbau und Inbetriebnahme einer Versuchsanlage zur Fluiddynamik von Thermoblechfallfilmverdampfern
15	Burger, Arne	Automatisierung einer vorhandenen Messeinrichtung zur Bewertung der Aktivkohlefilter-Pufferzone
16	Enders, Frauke	Prozessfenster für die kontinuierliche Kristallisation von Lipidnanopartikeln in einem Mikrowärmeübertrager
17	Melzig, Sebastian	Reproduzierbare Erzeugung von Pharma-Foulingschichten in einem Mikrowärmeübertrager
18	Pede, Max	Konzeptionierung eine Spining Disc Apparatus für Foulinguntersuchungen
19	Sender, Maximilian	Instandsetzung und Inbetriebnahme einer Versuchsanlage zur Untersuchung von Partikelfouling für verschiedene Abgasmodellsysteme
20	Eden, Hilma	Aufbau und Inbetriebnahme einer Versuchsanlage zur Kultivierung von Biofilmen unter reproduzierbaren Strömungsverhältnissen
21	Hentschel, Tatjana	Bewertung von Energieeffizienzpotenzialen mittels ökologischer Betrachtung
22	Ilschuk, Michael	Simulation eines PEM Brennstoffzellensystems

3.8 Masterarbeiten

3	Chen, Bolei	Oberflächenmodifizierung zur Verminderung der Belagbildung von Molkeprotein
4	Nitz, Anna	Thermische Nachbehandlung von Lipidnanopartikeln zur gezielten Polymorphie-Einstellung
5	Wesche, Mandy	Ökobilanzielle Bewertung von Vielprodukt-Batchanlagen
6	Biffart, Katja	Modellierung des Ablagerungs- und Abtragungsverhalten kristalliner Foulingschichten auf modifizierten Oberflächen
7	Kulakowski, Andreas	Entwicklung eines Membran-Photobioreaktors mit Nährstoffzufuhr aus marinem Prozesswasser
8	Barsegar, Jascha	Swarm Intelligence in Facility Layout Planing
9	Gronemeyer, Petra	Reinigung von Aminosäuren mittels Chromatographie

3.9 Forschungspraktika / Projektarbeiten

3	Sarmukaddam, Abhishek	Numerical simulation of the detachment of particles on and off surfaces exposed to fluid flow
4	Füller, Jendrik	Untersuchungen des Einflusses von Glycerin auf den Diffusionskoeffizienten in Chitosan zur Optimierung des „drug delivery“

3.10 Dissertationen

2011

Holtkamp, Manuel	Optimierte Produktgewinnung und Regeneration bei der reaktionsintegrierten Adsorption
Arndt, Stefanie	Fallfilmverdampfung viskoser Reinstoffe unter Berücksichtigung der Einlaufgeometrie

2012

Jasch, Katharina	Bewertung des konvektiven Wärmetransports und der Effizienz mikrostrukturierter Oberflächen

Kuschnerow, Jan Christopher	Einsatz ionischer Fluide als Katalysator in der homogenen Reaktivdestillation

3.11 Exkursion/en

2012

Besuch der ACHEMA in Frankfurt, Besichtigungen der Firmen Clariant in Frankfurt und Evonik Goldschmidt in Essen

3.12 Kolloquium für Energie- und Verfahrenstechnik

Dipl.-Ing. Stephan Rieke Leiter Vertrieb, Solar Fuel GmbH, Stuttgart	**Speicherung von erneuerbarem Strom mit Gas im Erdgasnetz**
Dr.-Ing. Harald Waitschat Leiter Bereich Geschäftsentwicklung EON Avacon, Braunschweig	**Brauchen wir noch Netze? - Herausforderungen der Energiewende an einen Netzbetreiber**
Prof. Dr. Johannes Khinast Institut für Prozess- und Partikeltechnik, Technische Universität Graz, Österreich	**Pharmaceutical Engineering: „DEM Simulation and Experimental Investigation of Wet Powder Flows“**
Dr. Ulrich Behrendt Vereinigung deutscher Biotechnologie-Unternehmen	**Pharmazeutische Biotechnologie in Deutschland 2010/2011 – Anmerkungen zu einer Standortbestimmung**

3.13 Hochschulkurse

Seit 2008 werden im zweijährlichen Wechsel die Hochschulkurse „Fouling in Wärmeübertragern – Ursachen, Mechanismen, Abhilfen (Start 2008) und „Produktschonende Verdampfung – Verfahren und Apparate“ (Start 2009) durchgeführt.

Fouling in Wärmeübertragern – Ursachen, Mechanismen, Abhilfen

Im Kurs werden zunächst die Grundlagen der Wärmeübertragung speziell im Hinblick auf die Behandlung von Fouling vermittelt. Wesentliche Themen der weiteren Kursbeiträge sind:

- Auftreten und Charakteristika verschiedener Foulingarten: Partikel-, Kristallisations-, Bio-, Reaktions- und Korrosionsfouling
- Verdampfung und Fouling

- Industrielle Beispiele und Problemlösungen
- Fouling bei der Lebensmittelherstellung
- Foulingminderung durch apparative Maßnahmen
- Oberflächenbehandlung zur Foulingminderung
- Weitere Foulingprobleme: Membranfouling, Kolonnenfouling, Crude Oil Fouling
- Ökonomische Aspekte
- Reinigung
- Experimentelle Vorgehensweise für Foulinguntersuchungen
- CFD in Foulinguntersuchungen

Energieeffiziente und Produktschonende Verdampfung – Verfahren und Apparate

Im Kurs werden die Vorgehensweise zum Design eines produktschonenden Verdampfungsverfahrens sowie die gebräuchlichsten Verdampferbauformen mit ihren typischen Charakteristika und Anwendungen behandelt. Insbesondere sind dies

- Selbstumlaufverdampfer (Robert- und Naturumlaufverdampfer),
- Zwangsumlauf- und Zwangsumlauf-Entspannungsverdampfer,
- Fallfilm- und Kletterfilmverdampfer sowie
- Dünnschicht- und Kurzwegverdampfer.

Die Vorgehensweise für eine orientierende Dimensionierung sowie für eine Detailgestaltung mithilfe kommerzieller Auslegungsprogramme wird dargestellt. Weitere Angaben erlauben die Abschätzung der Investitionen und Betriebskosten der Apparate- und Prozesskonzepte. Die Darstellung verschiedener praktischer industrieller Ausführungen produktschonender Verdampfung sowie von Möglichkeiten zur Intensivierung von Verdampfungsvorgängen runden die Beiträge ab.

4 Aktuelle Forschung

4.1 Fouling und Reinigung

4.1.1 Aufklärung der Induktionsphase beim Kristallisationsfouling
(Dipl.-Ing. Moriz Mayer)

Das Kristallisationsfouling, beziehungsweise die kristalline Belagbildung in Wärmeübertragern, ist meist unerwünscht und hat eine zweifache Auswirkung auf die Leistung: einen Anstieg des Druckverlustes durch Verringerung des Strömungsquerschnitts einerseits sowie eine Veränderung des Wärmedurchgangs durch einen zusätzlichen Wärmeleitwiderstand andererseits. In jedem Fall muss die Arbeit zur Erhaltung der Leistung erhöht werden. Bei diesem Verschmutzungsvorgang bildet sich Kristallisat auf den wärmeübertragenden Wänden, haftet und wächst in das umgebende Fluid. Die Entwicklung von Kristallisationsfouling auf wärmeübertragenden Flächen lässt sich in vielen Fällen in mindestens zwei signifikante Phasen unterteilen – die Induktionsphase (i) und die Schichtwachstumsphase (ii). Während in der Induktionsphase noch keine Verringerung der Wärmeübertragungsleistung auftritt, nimmt diese in der Schichtwachstumsphase stark ab. Das Ende der Induktionsphase wird als Induktionszeit t_{ind} bezeichnet. Das Ziel der Arbeiten zur Aufklärung der Induktionsphase beim Kristallisationsfouling ist die Vorausberechnung der Induktionszeit. Zusätzliche Wärmeübertragungfläche wird erst bei Erreichen von Phase (ii) benötigt, während schon bei Phase (i) ein zusätzlicher Druckverlust ausgeglichen werden muss. Als Maß für die Entwicklung der Leistung eines Wärmeübertragers beim Auftreten von Fouling dient der Foulingwiderstand R_f, welcher in Abhängigkeit von Ort und Bezugsgröße (Masse oder Temperatur) eine unterschiedliche Entwicklung nehmen kann. Der Foulingwiderstand nimmt per Definition in der Induktionsphase keine positiven Werte an. Wird die abgelagerte Kristallmasse betrachtet, kann der Foulingwiderstand aber nur positive Werte annehmen, da sie einen zusätzlichen Strömungswiderstand verursacht. Die Foulingmasse m_f kann dabei nur auf die bedeckte Fläche mit Hilfe des Bedeckungsgrades $\theta = A_f/A_0$ verteilt werden. Im Fall einer rein thermischen Betrachtung in Form der Wärmedurchgangswiderstände kann der Foulingwiderstand jedoch auch negative Werte annehmen, da der Wärmeübergang durch auftretende Strömungsturbulenzen erhöht werden kann. In vielen Fällen wird zur Beschreibung des Foulingwiderstandes lediglich die Temperatur als Bezugsmaß unter Annahme einer konstanten Fläche (A_0 = const.) verwendet. Mögliche negative Foulingwiderstände während der Induktionsphase resultieren dabei aus der Erhöhung der Rauheit und Verringerung des Strömungsquerschnitts und können daher als Fraktion eines Gesamt-Foulingwiderstandes gesehen werden, da der Einfluss dieser Effekte auf Wärmeübergang und Druckverlust nicht berücksichtigt wird.

Modellierung

Die Biot-Zahl $Bi = \alpha \cdot x_{ch}/\lambda$ ist das Verhältnis von innerem zu äußerem Wärmeleitwiderstand, welches durch das entsprechende Temperaturprofil gekennzeichnet ist. Der gesamte Festkörper des Wärmeübertragers wird durch die charakteristische Länge x_{ch} als Verhältnis von Festkörpervolumen zu Festkörperoberfläche berücksichtigt und verändert sich durch das Kristallwachstum. Die Wärmeleitfähigkeit λ des Festkörpers wird fraktionell mit Hilfe des Bedeckungsgades über die Wärmeleitfähigkeit von Wandmaterial und Kristall berechnet. Mit zunehmender Bedeckung nimmt die Wärmeleitfähigkeit ab ($\lambda_f < \lambda_0$).

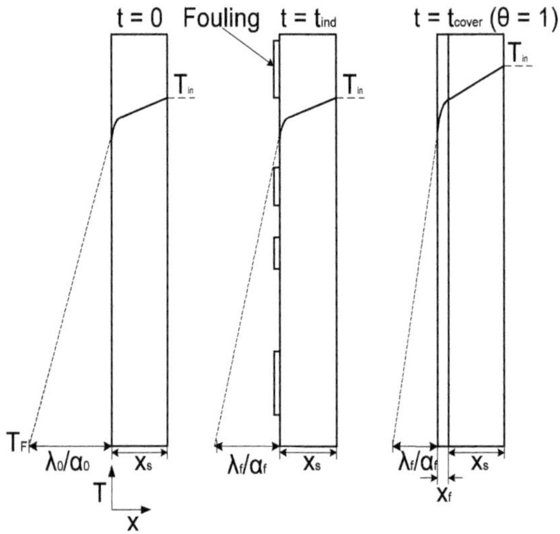

Abb. 4.1: Temperaturverlauf in einem Wärmeübertrager bei Fouling

Der Wärmeübergangskoeffizient α ist eine komplexe Funktion der wachsenden Oberflächenrauheit sowie der Strömungsgeschwindigkeit und kann abschätzend über eine rauheitskorrigierte Nusselt-Zahl berechnet werden. Der Wärmeübergang wird durch das Fouling in der Regel durch Rauheits- und Einschnüreffekte auf die Strömung verbessert ($\alpha_f > \alpha_0$). Sowohl die Biot-Zahl als auch das Temperaturprofil sind bei Fouling zeitabhängig: Das Fouling wirkt einerseits als thermischer Isolator und andererseits als Promoter für den fluiden Wärmeübergang. Bei konstantem Volumen- und Wärmestrom nimmt das Verhältnis von Wärmeleitfähigkeit zu Wärmeübergangskoeffizient mit zunehmendem Fouling ab und die Steigung von Bulktemperatur zu Oberflächentemperatur nimmt zu (siehe Abb. 4.1). Als Kriterium für das Erreichen der Induktionszeit wurde das Verhältnis von Biot-Zahlen $Bi(t)/Bi(0)$ im verschmutzten und sauberen Zustand gewählt. Für die Induktionsphase gilt, dass die Biot-Zahl im verschmutzten Zustand einen Schwellenwert $Bi(0)(1 + \varepsilon)$ bezogen auf die Biot-Zahl im sauberen Zustand nicht überschreitet.

Der Grenzwert des Kriteriums ist für exakte Modelle gleich eins ($\varepsilon = 0$). Zur Berechnung der Induktionszeit wurden alle relevanten Einzelvorgänge der Belagbildung durch Submodelle beschrieben und simuliert. Dabei mussten komplexe Wechselwirkungen von Kristallisation und Wärmedurchgang berücksichtigt werden. Die Entwicklung des Foulings kann dabei in folgende Schritte unterteilt werden: Keimbildung bzw. Generierung der Kristallanzahl pro Flächeneinheit N, Kristallwachstum, Haftung und Abtragung.

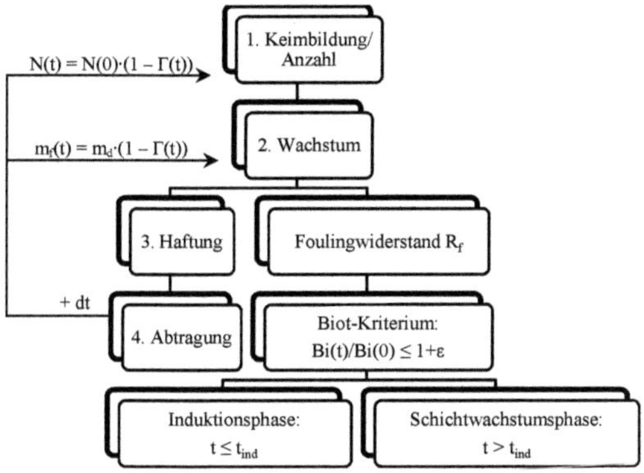

Abb. 4.2: Modellierungsschema zur Berechnung der Induktionszeit

Zur Berechnung der Induktionszeit kann der Schritt der Alterung von Ablagerungen vernachlässigt werden. Die Submodelle wurden hierarchisch und durch zeitdiskrete Rückkopplungen, die auf der Berechnung einer Abtragwahrscheinlichkeit Γ basieren, mit einander verknüpft (siehe Abb. 4.2). Die Abtragwahrscheinlichkeit ist eine statistische Größe, die in Abhängigkeit der fluiden Scherkräfte und Haftkräfte variieren kann. Durch Korrelation mit einer Massenbilanz können dabei statistische und komplexe Wechselwirkungen von angreifenden Kräften und dynamischen Grenzflächen kristalliner Foulingschichten auf unterschiedlichen Flächen berücksichtigt werden. Das Biot-Kriterium dient in der Modellierung als zentrale Schnittstelle, die die Induktions- und Schichtwachstumsphase von einander unterscheidet, wobei die Simulation über Phase (i) hinaus erfolgte, um die Modellierung für den Foulingfortschritt für längere Zeiten in Phase (ii) zu überprüfen (siehe Abb. 4.3).

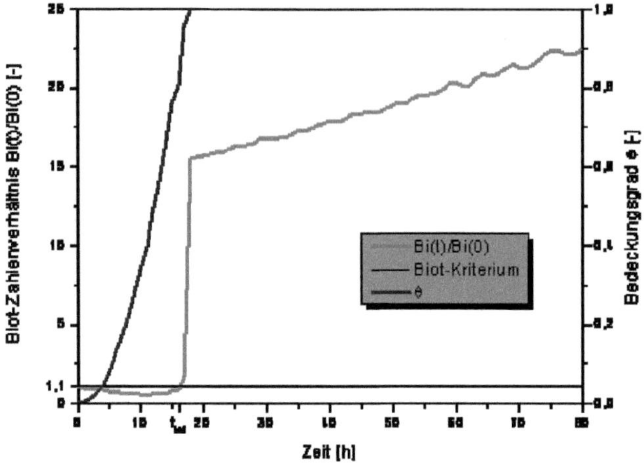

Abb. 4.3: Simulation von Biot-Zahl und Bedeckungsgrad beim Kristallisations-fouling

Der Input umfasste alle experimentellen Temperaturen, Konzentrationen sowie Stoff- und Prozessdaten. Es hat sich dabei gezeigt, dass (a) die Induktionszeit in erster Linie von der Kristallanzahl abhängt und (b) das Biot-Kriterium die Induktionszeit für eine plausible Kristallanzahl exakter wiedergibt als die vorhandenen Modelle für den Foulingwiderstand.

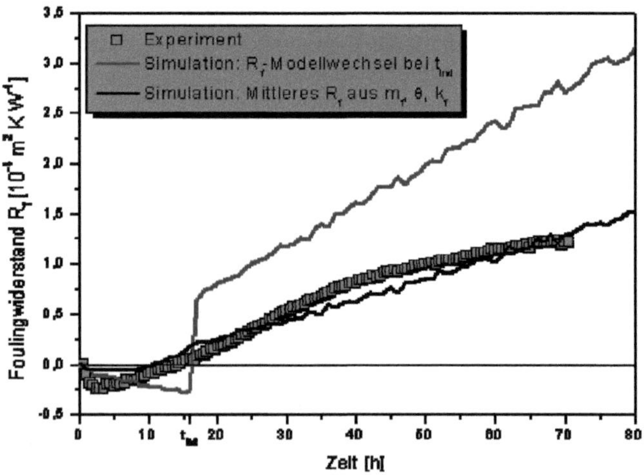

Abb. 4.4: Foulingwiderstand beim Kristallisations-fouling - experimentell und simuliert

In Abb. 4.4 sind simulierte und der entsprechende experimentelle Foulingwiderstand sowie der simulierte Bedeckungsgrad dargestellt.

Die Simulationsergebnisse liegen in guter Übereinstimmung mit den experimentellen Foulingverläufen. In künftigen Arbeiten sollen die Evolution von Kristallmasse, Kräftegleichgewichten sowie Grenzflächen in der Induktionsphase exakter aufgeschlüsselt werden.

Die Forschungsarbeiten wurden von der Deutschen Forschungsgemeinschaft DFG gefördert.

4.1.2 Wärmetechnische Untersuchung und Visualisierung der Belagbildung in Mikrowärmeübertragern

(Dipl.-Ing. Moriz Mayer)

Der Wunsch zur Prozessintensivierung in der Verfahrenstechnik führt oftmals zu mikrostrukturierten Apparaten mit großen Oberflächen-zu-Volumen-Verhältnissen. Mögliche Vorteile hierbei sind einerseits der gezielte Wärmeeintrag sowie hohe Stoffübergangsraten und andererseits der geringe Platzbedarf bei hohen Umsatzraten. Kompakte und miniaturisierte Wärmeübertrager finden bereits Anwendung auf Offshore-Plattformen, in Brennstoffzellen, in der Luft- und Raumfahrt, in Server-Anlagen sowie in Reaktoren der pharmazeutischen und chemischen Industrie. Charakteristisch für diese miniaturisierten Apparate ist, dass mindestens eine Abmessung kleiner als 1 mm ist. Ein „Knock-Out-Kriterium" für den breiteren industriellen Einsatz ist die Gefahr der Verblockung der Mikrostrukturen durch Fouling bzw. Belagbildung. Für geschlossene Systeme mit Fluiden ohne belagbildende Komponenten ist ein Einsatz meist unproblematisch, bei offenen Systemen hingegen kann es unerwartet zur Belagbildung kommen. In Zusammenarbeit mit dem Institut für Mikroverfahrenstechnik (IMVT) des Karlsruher Instituts für Technologie (KIT) führt das ICTV seit einigen Jahren Forschungsarbeiten zur Untersuchung der Belagbildung in Mikrowärmeübertragern durch. Im Fokus stand dabei die Belagbildung durch Wasserhärte ($CaCO_3$-Fouling) in Mikrowärmeübertragern. Neben klassischen Untersuchungen der globalen Leistungseigenschaften, der Temperatur- und Druckverlustentwicklung, eines Mikrowärmeübertragers bei Fouling wurden auch optische Untersuchungen mit Hilfe von Digitalmikroskopie durchgeführt, um den Foulingfortschritt zu visualisieren und zu quantifizieren.

Dafür wurde ein Mikrowärmeübertrager aus Polycarbonat mit optischer Zugänglichkeit der Mikrokanäle vom IMVT entwickelt, mit dem Foulingversuche in Gleich-, Gegen- und Kreuzstromfahrweise durchgeführt werden können. Die Kanäle (33) hatten eine Länge von 19 mm, eine Breite von 400 µm und eine Höhe von 200 µm. Die untersuchten Reynolds-Zahlen lagen im Bereich von 50 – 500. Als Versuchslösung diente eine $CaCO_3$-Lösung mit 5 mmol L^{-1} bei 25 °C und pH 7. Dabei war es wichtig, mit Hilfe von CO_2 das $CaCO_3$ in Lösung zu halten und mit NaOH den pH-Wert für die Versuchszeit einzustellen. Die Eintrittstemperatur des Heizwassers lag bei 82 °C. In Abb. 4.5 sind Digitalmikroskop-Aufnahmen von Fouling- und Reinigungsfortschritt zur Bestimmung des Bedeckungsgrades θ dargestellt. Bei den durchgeführten Experimenten wurde optisch keine Abtragung von Fouling durch fluide Scherkräfte beobachtet.

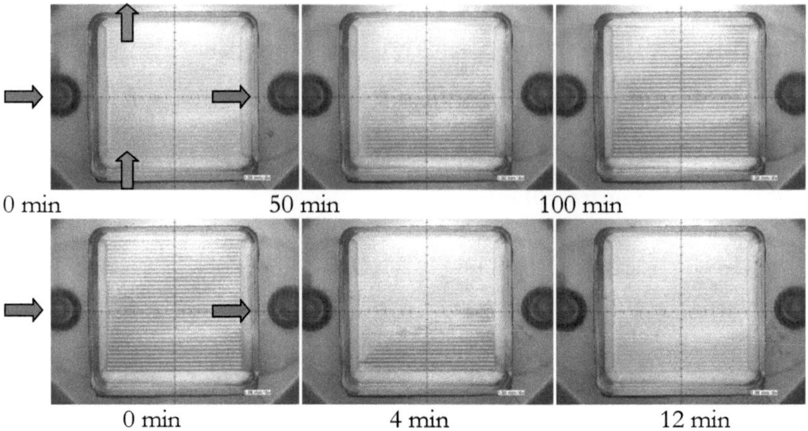

Abb. 4.5: Belagbildung durch $CaCO_3$-Fouling (dunkel) in den Mikrokanälen eines Kreuzstrom-Mikrowärmeübertragers zu verschiedenen Zeitpunkten (oben), Reinigungsfortschritt mit Amidosulfonsäure (H_3SO_3N, 20 mmol L^{-1}) (unten)

Modellierung

Die in Kap. 4.1.1 erläuterte Modellierung für den Foulingwiderstand in Abhängigkeit vom Bedeckungsgrad und der Wärmeleitfähigkeit des Belages λ_f wurde für Mikrokanäle mit einem geometrischen Verhältnis von Kanalhöhe zu hydraulischem Durchmesser (h/d_h = 0,75) angewendet. Wie bereits erwähnt, hat das Fouling Auswirkung auf Wärmedurchgang und Druckverlust. Die Auswirkung des Foulings lässt sich somit in einen (i) thermischen und einen (ii) massebasierten Foulingwiderstand unterteilen. Der thermische Einfluss auf den Foulingwiderstand lässt sich in Abhängigkeit von einer Bedeckungsgraddifferenz im Verhältnis zum sauberen Wärmedurchgangskoeffizienten darstellen $(\theta - \theta_c)/k_0$. Dabei ist θ_c der Bedeckungsgrad bei der Induktionszeit t_{ind} und kann als Perkolationsschwelle für den Wärmedurchgang angesehen werden. Der thermische Foulingwiderstand kann für Zeiten innerhalb der Induktionsphase negative Werte annehmen. Für einen zunehmenden Wärmedurchgangswiderstand nimmt R_f ab – entsprechende Werte lagen im Bereich von $-5\cdot10^{-5} - 10^{-4}$ m^2 K W^{-1}. Für ansteigende k_0-Werte ergeben sich geringe positive Foulingwiderstände, die durch die Experimente bestätigt wurden. Für eine Belagbildung geringer als die Perkolationsschwelle wird in der Folge keine zusätzliche Wärmeübertragungsfläche benötigt. Die Entwicklung des thermischen Foulingwiderstandes hängt von derjenigen des Bedeckungsgrades ab und kann in Analogie zur klassischen Massenbilanz ($\theta_f = \theta_d - \theta_r$) im Fouling dargestellt werden. Beim reaktionskontrollierten Kristallisationsfouling ist diese eine Funktion des Sättigungsindex SI, welcher von der lokalen Ionenkonzentration und Temperatur abhängt. Da die kristalline Belagbildung in denselben Abmaßen (µm – mm) wie die Kanalabmessungen wächst, kann zur Formulierung eines massebasierten Foulingwiderstandes folgender Formalismus dienen: Das Verhältnis von mittlerer Belaghöhe x_f zur entsprechender Kanalhöhe h kann kleiner gleich dem Bedeckungsgrad gesetzt werden ($x_f/h \leq \theta$). Durch weiteres Umformen erhält man einen massebasierten Foulingwiderstand ($\theta \cdot h/\lambda_f$), der mit dem Druckverlust verglichen werden kann und ebenfalls nur positive Werte annimmt. Typische Werte für die Wärmeleitfähigkeit λ_f von Kristallen, die aus Wasserhärte entstehen können, liegen zwischen 5,8 und 0,4 W m^{-1} K^{-1}. Für eine Wärmeleitfähigkeit von 2,19 W m^{-1} K^{-1} für $CaCO_3$ liegen die Foulingwiderstände im Bereich von 0 – 10^{-4} m^2 K W^{-1}. In Abb. 4.6 sind der gemessene thermische Foulingwiderstand, der modellierte thermische und massebasierte sowie der gemittelte Foulingwiderstand dargestellt.

Abb. 4.6: Experimentell ermittelte und modellierte Foulingwiderstände

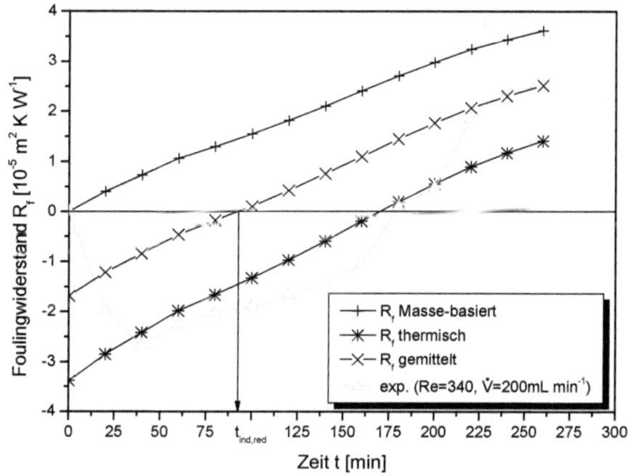

Es hat sich gezeigt, dass das Modell für den thermischen Foulingwiderstand bis auf den Startwert bei null in guter Übereinstimmung mit dem gemessenen liegt. Bei Kenntnis der Perkolationsschwelle kann die Induktionszeit exakt wiedergegeben werden. Die gemessenen Werte hierfür lagen im Bereich von 0,28 bis 0,54. Während der massebasierte Foulingwiderstand die Entwicklung des Druckverlustes wiedergibt, berücksichtigt das gemittelte Modell beide Effekte (Druck und Temperatur) und liefert reduzierte Induktionszeiten $t_{ind,red}$. Die Bedeckungsgrade bei den reduzierten Induktionszeiten fielen entsprechend geringer aus (0,17 – 0,3). In Abb. 4.7 ist der prozentuale Anstieg des Druckverlustes über dem massebasierten Foulingwiderstand aufgetragen.

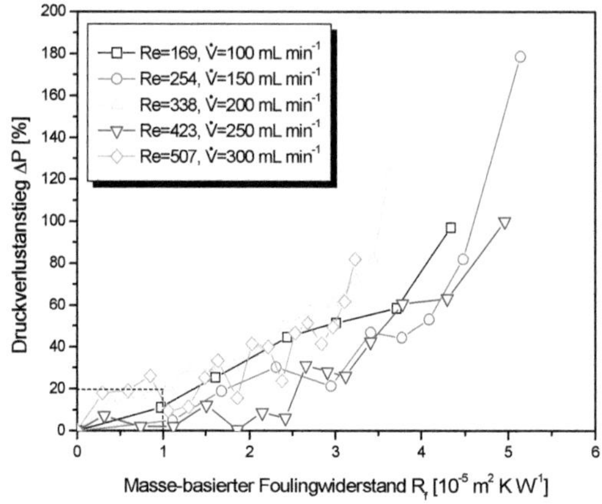

Abb. 4.7: Prozentualer Druckverlustanstieg in Abhängigkeit vom modellierten massebasierten Foulingwiderstand

Eine konservative Abschätzung des Druckverlustanstieges lieferte ~ 20 %. Für längere Zeiten und stärkeres Fouling wurden Anstiege von 80 – 180% gemessen. Wenn die Entwicklung des Bedeckungsgrades, ggf. über eine Wachstumsfunktion des Sättigungsindex, abgeschätzt werden kann, ist es möglich den (i) temperaturbasierten und (ii) massebasierten Foulingwiderstand zu berechnen. Dabei kann evaluiert werden, ob und wie viel (i) zusätzliche Fläche bzw. Mikrokanäle benötigt werden und wie groß (ii) der Druckanstieg bei Fouling durch Wasserhärte ist.

Die Forschungsarbeiten wurden von der Deutschen Forschungsgemeinschaft DFG gefördert.

4.1.3 Entwicklung einer Produktionstechnologie für innen beschichtete Rohre mit Antifoulingeigenschaften - InCoPi

(Dipl.-Ing. Karl Siebeneck)

Rohre werden in vielen Industriezweigen für den Transport von Flüssigkeiten oder Gasen, häufig in Kombination mit einem Heiz- oder Kühlvorgang, eingesetzt. Auf der Rohrinnenseite kommt es oftmals zu unerwünschten Ablagerungsvorgängen, die den Wärmeübergang limitieren. Dies führt zur Verkürzung der Lebensdauer der Rohre, Erhöhung von Wartungs- und möglichen Reinigungsaufwänden und somit zu Stillstandzeiten von Produktionsanlagen, welches in Folge zu einer deutlichen Erhöhung der Kosten führt. Die ungewollte Ablagerung in Wärmeübertragern wird im Allgemeinen als Fouling bezeichnet und verursacht Kosten in Höhe von 0,25 - 0,3% des Bruttoinlandsproduktes. Untersuchungen am ICTV zum Foulingverhalten an wärmeübertragenden Flächen haben gezeigt, dass modifizierte DLC-Beschichtungen (Diamond Like Carbon) in der Lage sind, Fouling zu reduzieren, das Entstehen der Ablagerungen hinaus zu zögern und die

Wachstumsrate zu verlangsamen. Dazu sind oft nur wenige Mikrometer dicke Beschichtungen notwendig, um die gewünschten Eigenschaften einzustellen und damit deutlich die Betriebskosten zu reduzieren. Das Aufbringen homogener Beschichtungen in Rohren ist bisher nicht etabliert und steht einer Reihe von Herausforderungen gegenüber. Eine Problematik besteht darin, dass z. B. das Beschichtungsverfahren kein kontinuierlicher Prozess ist, welches hohe Fertigungskosten verursacht. Deshalb ist im Projekt InCoPi – Inside Coated Pipes – das Ziel definiert, einen kosteneffizienten Prozess zur Herstellung von innenbeschichteten Rohren mit foulingreduzierenden Eigenschaften zu entwickeln. Hierbei sollen insbesondere KMUs (Kleine und mittelständische Unternehmen) in den Entwicklungsprozess einbezogen werden. Die Rohre können in Wärmeübertragern oder Födereinrichtungen der Prozessindustrie, wie der chemischen, pharmazeutischen oder kosmetischen Industrie sowie der Nahrungsmittelindustrie, eingesetzt werden.

Die Hauptziele des Projekts sind wie folgt definiert:

- Beschichten von flachen Edelstahlblechen.
- Einsatz eines kontinuierlichen Formprozesses zur Fertigung von Rohren aus vorbeschichteten Edelstahlblechen.
- Ermittlung eines geeigneten Schweißverfahrens, Laser- oder Elektronstrahlschweißen, zur Vereinigung des Rohres, ohne die Beschichtung zu verändern oder zu beschädigen.
- Untersuchungen zum Kristallisationsfouling von innenbeschichteten Rohren.

Schließlich soll eine kontinuierliche Prozesskette für die Fertigung von innenbeschichteten Rohren in Hinblick auf eine kosteneffektive Fertigung entwickelt werden, siehe Abb. 4.8. Dabei soll Flachblech von einer Spule abgerollt und in einem ersten Schritt vorbehandelt (poliert, entfettet, etc.) und dann elektropoliert und beschichtet werden. Im nächsten Schritt soll das beschichtete Blech derart umgeformt werden, dass sich die beschichtete Seite im Inneren einer Rohrform befindet. Dazu steht ein etablierter Umformprozess zur Verfügung, der die Beschichtung nicht beschädigen soll. Zur Vereinigung des Rohrs ist ein Schweißverfahren nötig, das über Laser- oder Elektronenstrahlschweißen realisiert werden soll. Daraufhin können die Rohre zugeschnitten, wenn nötig nachbearbeitet und dann z. B. als Komponenten in Wärmeübertragern oder Abgassystemen eingesetzt werden.

Am ICTV wird dazu eine Anlage geplant und aufgebaut, um das Kristallisationsfouling an dieser Rohrgeometrie zu untersuchen. Ein besonderes Augenmerk soll dabei auf die Schweißnaht und deren Wärmeeinflusszone gelegt werden. Weitere Untersuchungen sollen an einer bereits bestehenden Doppelrohranlage durchgeführt werden.

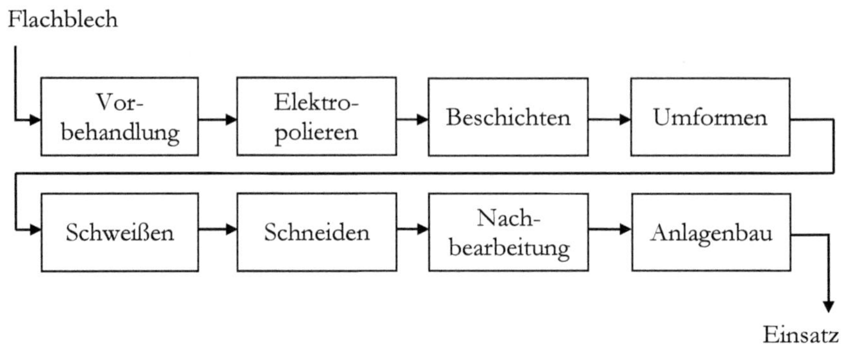

Abb. 4.8: Prozesskette für die Herstellung innenbeschichteter Rohre

Folgende Institutionen nehmen unter dem Netzwerk CORNET an dem Projekt InCoPi teil:

- Fraunhofer Institut für Schicht- und Oberflächentechnik (IST)
- Fraunhofer Institut für Werkzeugmaschinen und Umformtechnik (IWU)
- Centre d´Etudes Wallon de l´Assembage et du Contrôle des Matériaux (CEWAC)
- Belgian Welding Institute (BWI)
- Institut für Chemische und Thermische Verfahrenstechnik (ICTV)

Das IGF-Vorhaben der Forschungsvereinigung Europäische Forschungsgesellschaft Dünne Schichten e.V. wird über die AiF im Rahmen des Programms zur Förderung der Industriellen Gemeinschaftsforschung und -entwicklung (IGF) vom Bundesministerium für Wirtschaft und Technologie aufgrund eines Beschlusses des Deutschen Bundestages gefördert.

4.1.4 Verminderung der Belagbildung in Reaktoren und Wärmeübertragern in Polymerisationsverfahren

(Dr. rer. nat. Susann Dorn)

Im Projekt Polymerfouling soll ein grundlegendes Verständnis der Einflussfaktoren und Wirkzusammenhänge beim Fouling wässriger Polymerdispersionen auf Wärmeübertragerflächen erlangt werden. Darauf aufbauend werden Ansätze zur Verminderung und Vermeidung von Belagbildung identifiziert, erprobt und optimiert. Durch eine geeignete Wahl der Versuchsanlagen, Versuchsdurchführung und Prozessparameter sollen die verschiedenen Einflussgrößen auf das integrale Foulingverhalten getrennt erfassen werden. Polymerfouling beeinflusst mehrere Kostenfaktoren, von höheren Investitionen (u. a. Überdimensionierung oder zusätzliche Reinigungsvorrichtungen) bis hin zu erhöhten Betriebskosten (Energiekosten, reinigungsbedingte Stillstandzeiten, qualitätsbedingter Produktverlust). Die zu erwartenden Ergebnisse können innovative Anlagenmodifikationen hervorbringen, die einen Beitrag zur Senkung der Herstellkosten von Polymerdispersionen leisten. Typisch sind Betriebszeiten von 8000 h/a, was einer Anlagenverfügbarkeit von 91 % entspricht. Für Prozesse mit starken Foulingproblemen sind nicht selten 7200 h/a zu finden; dies entspricht einem Kapazitätsverlust von über 10 %, was zu entsprechend erhöhten spezifischen Fertigungskosten der Produkte führt.

Im Rahmen dieses Forschungsprojektes werden gezielte Untersuchungen zur Belagbildung auf unterschiedlichen Oberflächen vorgenommen. Die Ergebnisse dienen als Grundlage zur Abschätzung des Steigerungspotentials der Energieeffizienz bei Polymerisationsverfahren. Im ersten Abschnitt des Projektes erfolgte die Untersuchung möglicher Foulingvorgänge auf unbehandeltem Edelstahl in Abhängigkeit von Fluidtemperatur, Wärmestromdichte und Oberflächentemperatur des Heizelementes. Der Feststoffgehalt der Polymerdispersion wurde zwischen 15%, 20% und 40% an VINNAPAS LL6120® der Firma Wacker Chemie AG, München, variiert. Unter Einstellung prozessbestimmender Parameter erfolgte die Bestimmung des Foulingwiderstandes als Maß für die Belagbildung. Die durchgeführten Arbeiten zeigen größtenteils eine geringe Induktionszeit von ca. 1-2 h, abhängig von Fluidtemperatur und Wärmestromdichte.

Die Versuche zur Belagbildung, dem Fouling, wurden in einem temperierbaren Doppelmantelgefäß durchgeführt. Diese Batchanlage ist in Abb. 4.9 dargestellt. Als Bulklösung diente eine verdünnte Dispersion des Mischpolymers VINNAPAS LL6120®. VINNAPAS LL6120® ist eine wässrige Dispersion mit einem Anteil von Vinylacetat/Ethylen von 90/10 und einem pH-Wert im Bereich von pH 3,5 bis 4,5. Getestet wurden verschiedene Substrate mit unterschiedlichen Oberflächenbeschaffenheiten.

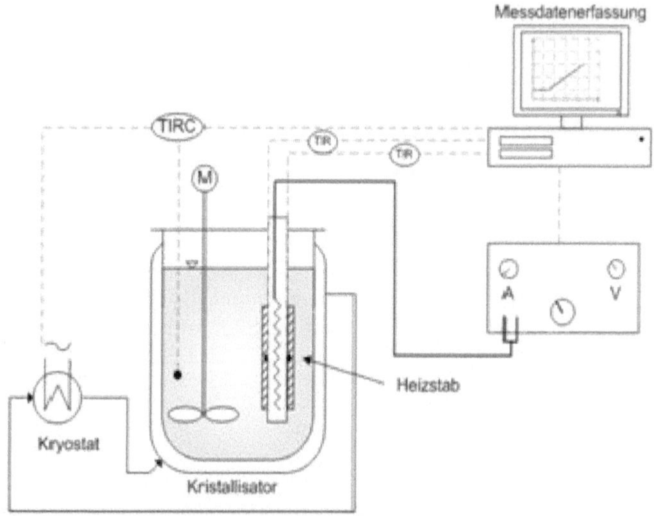

Abb. 4.9: Versuchsanlage für Foulingexperimente; diskontinuierliche Batchapparatur

Abbildung 4.10 zeigt für ein Edelstahlsubstrat, dass bei konstanter Bulktemperatur von T = 50 °C und einer Feststoffkonzentration von 15% VINNAPAS LL6120®

ein deutlicher Einfluss der Wärmestromdichte auf den Foulingwiderstand und somit auf die Belagbildung zu verzeichnen ist. Die beiden höheren getesteten Wärmestromdichten von 3,4 bzw. 8,4 kW m^{-2} zeigen den qualitativ gleichen asymptotischen Verlauf und führen zu einem Foulingwiderstand R_f^* im Bereich von ca. $20 \cdot 10^{-4} m^2 K W^{-1}$. Die niedrigste gewählte Wärmestromdichte von 1,7 kW m^{-2} führt zu einem sehr hohen R_f^* von über $90 \cdot 10^{-4}$ m^2 K W^{-1}. Dieser Trend bestätigte sich ebenfalls bei weiteren Experimenten. Eine Erhöhung der Bulktemperatur als auch eine Erhöhung der Feststoffkonzentration generieren bei einer Wärmestromdichte von 1,7 kW m^{-2} sehr hohe Foulingwiderstände.

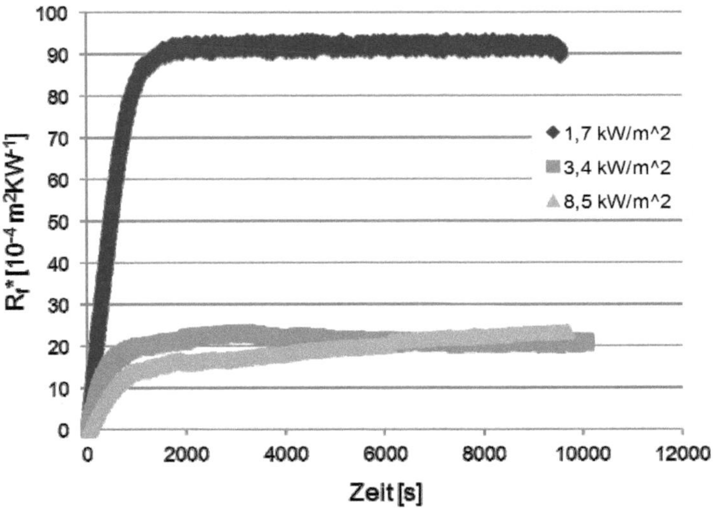

Abb.4.10: Zeitlicher Verlauf der Foulingwiderstände auf Edelstahl bei unterschiedlichen Wärmestromdichten und einem Feststoffgehalt von 15% VINNAPAS LL6120®

Untersuchungen der erhaltenen Beläge auf Edelstahl mittels Rasterelektronenmikroskopie und Digitalmikroskopie zeigen stark strukturierte Oberflächen (siehe Abb. 4.11). Bei hohem Foulingwiderstand, d. h. bei geringer Wärmestromdichte, tritt aufgrund des starken Anstiegs der Oberflächentemperatur des Substrates ein Sieden auf, welches zur Blasenbildung in mehreren Ebenen und somit zu Schichtdicken im Bereich von 200 bis 700 μm führt.

Rasterelektronenmikroskop Digitalmikroskop

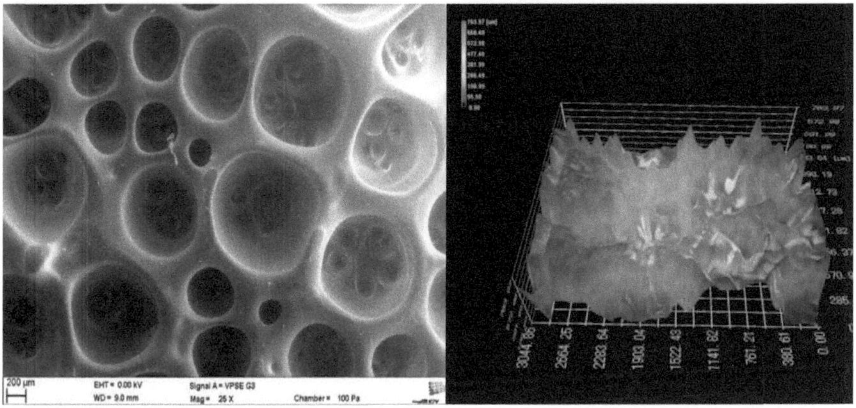

Abb 4.11: Optische Untersuchung des Belages von VINNAPAS LL6120®, auf Edelstahl, $R_f^* = 93 \cdot 10^{-4}$ m² K W⁻¹

Die bisherigen Studien umfassen eine Vielzahl weiterer Oberflächen, wie z. B. die mittels Chemical Vapor Deposition (CVD) hergestellten Beschichtungen DLC, SICAN und SICON®. Vergleicht man die Foulingwiderstände verschiedener Oberflächen bei gleicher Wärmestromdichte (3,4 kW m⁻²) so wird ein starker Einfluss der Oberflächenbeschaffenheit des Substrates auf den Foulingwiderstand deutlich (siehe Abb. 4.12).

Abb. 4.12: Vergleich der Foulingwiderstände unterschiedlicher Substrate in Abhängigkeit der Bulktemperatur der Polymerlösung

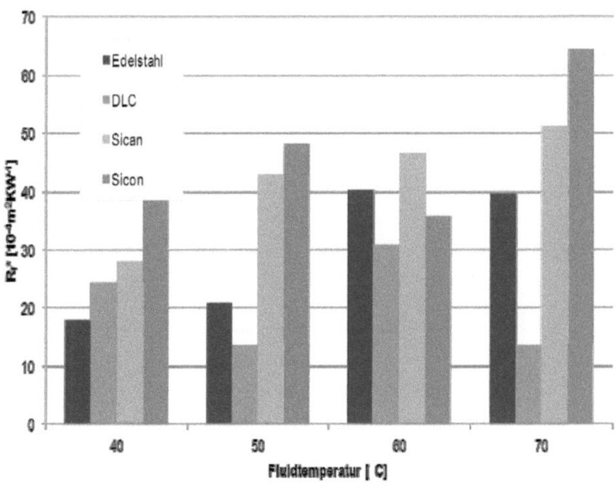

Dabei scheint ein Edelstahlsubstrat als auch eine DLC-Beschichtung am geeignetsten zur Verminderung der Belagbildung. Der Vergleich macht deutlich, dass durch gezielte Variation betrieblicher und apparativer Parameter, wie Wärmestromdichte, Feststoffgehalt, Bulktemperatur und Substrat, eine Verringerung der Belagbildung realisiert werden kann.

Das IGF-Vorhaben der Forschungsvereinigung Forschungs-Gesellschaft Verfahrens-Technik e.V. wird über die AiF im Rahmen des Programms zur Förderung der Industriellen Gemeinschaftsforschung (IGF) vom Bundesministerium für Wirtschaft und Technologie aufgrund eines Beschlusses des Deutschen Bundestages gefördert.

4.1.5 Steigerung der Reinigungseffizienz in geschlossenen Fluidsystemen durch pulsierende Strömungen

(Dipl.-Ing. (FH) Henning Föste)

In der Lebensmittelindustrie ist die Herstellung hochwertiger und hygienisch einwandfreier Produkte von essenzieller Bedeutung. Daher hat der Gesetzgeber weitgehende Normen, wie z. B. die Lebensmittelhygiene-Verordnung, für die Herstellung von Lebensmitteln erlassen, welche primär die Qualität für den Verbraucher sichern sollen. Auf der Seite der Lebensmittelproduzenten können mangelnde Hygiene- und Qualitätsstandards zu Umsatzeinbrüchen und Prestigeverlust führen. Außerdem sind Stillstandzeiten aufgrund aufwendiger Reinigungsprozesse mit einem Produktionsausfall gleichzusetzten und stellen somit einen großen Kostenfaktor dar. Vor diesem Hintergrund ist der Reinheit von Produktionsanlagen in der Lebensmittelindustrie sowohl von Verbraucher- wie auch von Herstellerseite höchste Priorität zuzuweisen. Die Reinigungsvorgänge an produktberührenden Oberflächen sind noch nicht hinreichend untersucht und Gegenstand aktueller Forschung. Hierbei kommt der Steigerung der Reinigungseffizienz eine Schlüsselrolle zu. Eine höhere Effizienz führt neben verbesserten Hygienebedingungen auch zu einer Reduzierung der Stillstandzeiten sowie des Reinigungsmittelbedarfs und daher niedrigeren Produktionskosten.

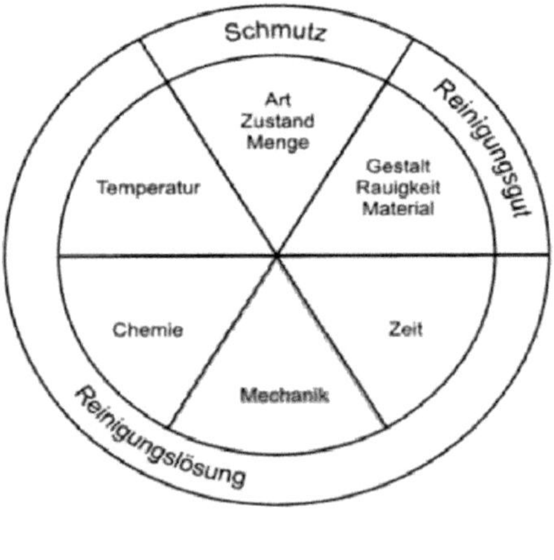

Abb.4.13: Erweiterter Sinnerscher Kreis

Im vorliegenden Projekt soll die Reinigung von immergierten (geschlossenen) Fluidsystemen betrachtet werden. Bei der Verarbeitung dieser Güter erfolgt die Reinigung meist durch industrielle Kreislaufreinigungsprozesse (Cleaning in Place, CIP). Bei diesem automatisierten Reinigungsverfahren wird die gesamte Linie oder einzelne, nicht abbaubare Anlagenteile in einer festgelegten Reihenfolge von Reinigungssubstanzen und Wasser durchströmt, um Verunreinigungen schnell und effizient zu entfernen. Der Reinigungsprozess mit chemischen Reinigungsmedien ist ein sequentieller oder paralleler Ablauf von Stofftransport und Reinigungsreaktionen.

In Anlehnung an den erweiterten Sinnerschen Kreis nach Dürr und Wildbrett (siehe Abb. 4.13) kann der Reinigungsprozess als ein von sechs Einflussgrößen abhängiges System beschrieben werden. Diese sind Art und Zustand des Schmutzes, die Beschaffenheit der Anlage sowie die Zeit, Chemie, Mechanik und Temperatur als Zustandsgrößen der Reinigungslösung. Mit der Pulsation wird separat von den anderen Parametern die Mechanik des Systems adressiert, wobei indirekt auch die übrigen Parameter mit beeinflusst werden. Eine Veränderung der Einflussgrößen Zeit, Chemie oder Temperatur erscheint meist allein aus wirtschaftlichen und ökologischen Gesichtspunkten nicht sinnvoll, da z. B. die Verwendung von größeren Mengen oder aggressiveren Reinigungsmitteln zu höheren Anschaffungs- und Entsorgungskosten führen würde.

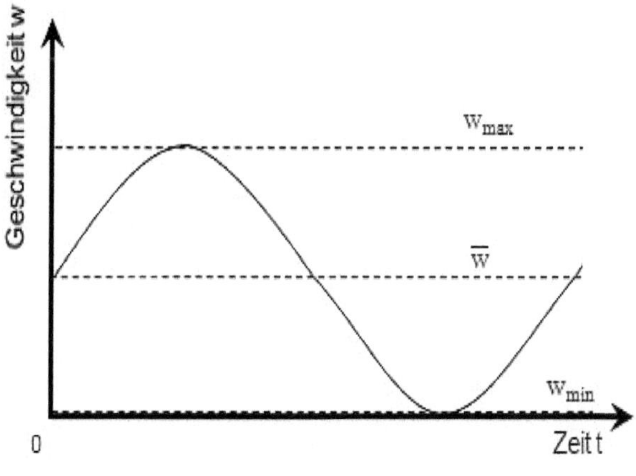

Abb. 4.14
Schematische Darstellung einer pulsierenden Strömung mit W = 1

Eine pulsierende Strömung wird durch eine stationäre Grundströmung, welche durch eine oszillierende Fluidbewegungüberlagert ist, charakterisiert, siehe Abb. 4.14. Zur Beschreibung der Intensität der Pulsation wird in der Regel die dimensionslose Welligkeit als der Quotient der maximalen oszillierenden und der statischen Geschwindigkeit herangezogen.Die Reinigungswirkung auf den anhaftenden Belag wird aufgrund des Anstiegs der wandnahen Geschwindigkeit und der daraufhin erzeugten transienten Rückströmung in der laminaren Grenzschicht stark erhöht und begünstigt damit die Abtragung der Belagschicht.

Reinigungsuntersuchungen

Im ersten Schritt des Forschungsvorhabens wurde die Wirksamkeit einer Pulsationsströmung zur Steigerung der Reinigungsleistung untersucht.

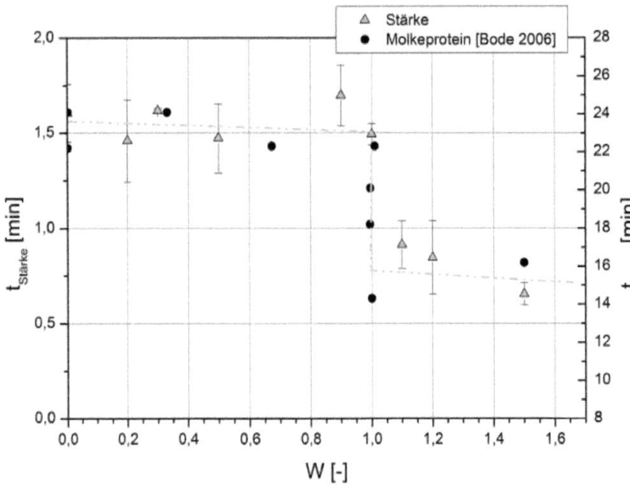

Abb. 4.15: Reinigungszeiten in Abhängigkeit der Welligkeit für die Stoffsysteme Stärke sowie Molkeprotein

Es konnte gezeigt werden, dass diese Strömungsform zu einer erheblichen Verkürzung der Reinigungszeit im Vergleich zur stationären Strömung führen kann. In Abb. 4.15 ist die Reinigungszeit in einem geraden Rohrsegment in Abhängigkeit der Welligkeit dargestellt, die Untersuchungen wurden sowohl mit Molkeprotein als auch mit Stärke durchgeführt. Es ist zu erkennen, dass im Bereich der Welligkeit von null, was dem stationären Zustand entspricht, bis zu einer Welligkeit kleiner eins, die Reinigungszeit nahezu konstant verläuft. Ab einer Welligkeit von größer eins nimmt die Reinigungszeit sprunghaft ab und geht bei weiterer Erhöhung der Welligkeit in einen nahezu konstanten Verlauf über. Dieser charakteristische Verlauf lässt sich mit der eintretenden Rückströmung ab einem Welligkeitswert von eins erklären. Die Rückströmung führt zu einem Ablösen der Grenzschicht, was einen verbesserten Stoffübergang zur Folge hat und die Quellung der Belagschicht begünstigt. Weiterhin wird durch Erhöhung der Welligkeit proportional dazu die maximale Geschwindigkeit und somit Scherbeanspruchung, die das Fluid auf die Schicht ausübt und einen Abtrag bewirkt, erhöht.

Anlagenbelastung

Im Allgemeinen wird versucht, eine Pulsationsströmung in Prozessanlagen zu vermeiden.

Abb. 4.16: Druckverlauf in Abhängigkeit der Welligkeit in einer schleifenförmig angeordneten Rohrleitung mit einer Länge von 25 m

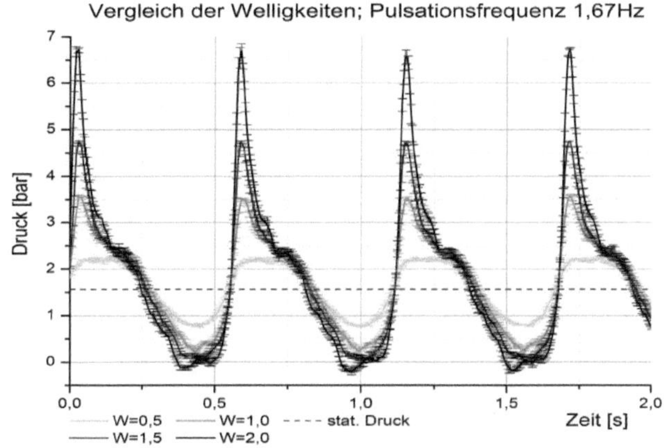

Um einerseits zu untersuchen, inwiefern es technisch möglich ist, eine Pulsationsströmung in Anlagen mit langen Rohrleitungssystemen zu übertragen und wie hoch andererseits die jeweiligen Belastungen einer industrienahen Anlage sind, wurde eine Anlage mit einer Gesamtrohrlänge > 50 m, diversen Verzeigungen und Ventilen aufgebaut. Abb. 4.16 zeigt exemplarisch Druckmessungen in einem Rohrschlaufensystem mit einer Gesamtlänge von 25 m. Man erkennt die der Pulsationsfrequenz entsprechende Änderung der Drücke bei einer Frequenz von 1,67 Hz. Mit steigender Welligkeit zeigen sich ein Anstieg der Maximaldrücke sowie eine verstärkte Abweichung von einem sinusförmigen Druckverlauf hin zu einer kurzzeitig ausgeprägten Druckspitze. Die gewonnenen Druckverläufe für verschiedene Welligkeiten, Frequenzen sowie Strömungsführungen bilden die Basis für eine zukünftige Anlagenauslegung.

Hygienegerechte Pulsationserzeugung

Die aktuelle Pulsationserzeugung mittels Kolbenpumpe entspricht nicht den Hygieneanforderungen der Lebensmittel- und Pharmaindustrie. Der Projektpartner, das Institut für Verpackungsmaschinen und Mobile Arbeitsmaschinen der TU Dresden, entwickelt zurzeit eine hygienegerechte Pulsationserzeugung nach dem Prinzip der Membranpumpe, um einen Einsatz in Produktionsbereichen mit hohen Hygieneanforderungen zu ermöglichen.

Temporäre Pulsation

Ein weiterer vielversprechender Ansatz ist die temporäre Pulsation während eines zum Fouling neigenden Prozesses. Hierbei wird während des mit stationärer Strömungsgeschwindigkeit betriebenen Prozesses in festen Zeitabständen kurzzeitig eine Oszillationsströmung überlagert. Die so auftretende Erhöhung der

Schubbeanspruchung auf die Foulingschicht, die einen Abtrag begünstigt, steht in Konkurrenz zu der Verbesserung des Stoffübergangs, der eine Ablagerung begünstigt. Die Verschiebung des Gleichgewichts hin zu einem erhöhten Abtrag ist Ziel dieser Untersuchungen am Beispiel des Kristallisationsfoulings.

Das IGF-Vorhaben der Forschungsvereinigung Industrievereinigung für Lebensmitteltechnologie und Verpackung e.V. wird in Kooperation mit dem Institut für Verarbeitungsmaschinen und Mobile Arbeitsmaschinen der TU Dresden über die AiF im Rahmen des Programms zur Förderung der Industriellen Gemeinschaftsforschung und -entwicklung (IGF) vom Bundesministerium für Wirtschaft und Technologie aufgrund eines Beschlusses des Deutschen Bundestages gefördert.

4.1.6 Nachhaltige Reinigung und Desinfektion in der Verarbeitung von frisch geschnittenen Lebensmitteln

(Dipl.-Ing. Ariane Unterlauft)

Ziel des EU-Projekts „Sustainable Cleaning and Disinfection in Fresh-Cut Food Industries" (SusClean) ist die Entwicklung und Implementierung von umweltfreundlichen Methoden zur Apparatereinigung und Produktdekontamination. Fokussiert wird hierbei auf die Verringerung des Wasser- und Chlorverbrauches bei der Herstellung von frisch geschnittenem Obst und Gemüse. Momentan werden beispielsweise zur Produktion von einem Kilogramm Salat 20 bis 25 L Wasser verbraucht. Zusätzlich wird in vielen EU-Ländern Chlor dem Waschwasser zur Reinigung zugesetzt. Aufgrund der Kanzerogenität von Chlor durch die Ausbildung von Trihalogenmethan stellt dies eine Gefährdung für den Endverbraucher und die Umwelt dar.

Im Laufe des Projektes werden physikalische, chemische und biologische Reinigungsmethoden untersucht und nach ihrer Effektivität, der Lebensmittelsicherheit, der Qualität und der Nachhaltigkeit des Verfahrens bewertet. Als Produkte werden Blatt- und Pflücksalat sowohl theoretisch als auch praktisch betrachtet. Die Verarbeitung von Cantaloupe-Melonen soll vor allem theoretisch untersucht werden.

An dem Projekt nehmen 21 Partner aus acht EU-Ländern teil (Belgien, Deutschland, Frankreich, Großbritannien, Niederlande, Portugal, Spanien und Ungarn).

Biofouling

Biofouling beschreibt das unerwünschte Auftreten von Biofilmen. Dieses sind ubiquitäre Bakterienkonsortien, die u. a. auch aus Extrazellulärer Polymerer Substanz (EPS) und Makromolekülen bestehen und im Gegensatz zu planktonischen Mikroorganismen resistenter gegenüber äußeren Einflüssen, wie z. B. pH- Wert, Nährstoffkonzentration, Temperatur und Bioziden, sind. In der Lebensmittelindustrie führen Biofilme zu Problemen, wie der Kreuzkontamination unterschiedlicher Chargen an Obst und Gemüse, höhere Druckverluste oder einen verringerten Wärmeübergang. Die Kontamination ist eine große Herausforderung an die Hygienestandards, denn frisch geschnittenes Gemüse kann kaum bzw. nicht thermisch behandelt werden, ohne dass sich die strukturellen oder organoleptischen Eigenschaften stark ändern und somit die Produktqualität nicht gewährleistet ist. Daher werden im Rahmen des Projektes am ICTV alternative physikalische Dekontaminationsmethoden sowie präventive Maßnahmen zum Verhindern bzw. zur Minderung des Auftretens von Biofilmen bewertet und nachfolgend getestet, um mittelfristig den Einsatz von Reinigungsmethoden auf Chlorbasis zu ersetzen.

Zum Testen dieser alternativen Reinigungsmethoden wurde eine Anlage zur Erzeugung von Biofilmen aufgebaut. Die Anlage musste thermischen, hygienischen und messtechnischen Anforderungen genügen. Das bakterielle Wachstum muss ermöglicht werden, d. h. eine konstante Temperatur im Wachstumsmedium, ein konstanter pH-Wert und ein konstantes Angebot an Nährstoffen müssen gegeben sein. Zudem muss die Anlage desinfizierbar sein, entweder durch Autoklavieren oder durch Spülen mit 70%-igem Ethanol. Außerdem soll das Biofilmwachstum im Messkanal quantitativ durch die Veränderung des Foulingwiderstandes R_f messtechnisch erfasst werden. Im Weiteren müssen die Strömungsbedingungen im Messbereich reproduzierbar sein, da diese die phenotypische Ausbildung eines Biofilms beeinflussen. Somit wurde sich für eine Reaktorkonstruktion entschieden, die mit einem Strömungskanal (siehe Abb. 4.17 und 4.18) verbunden ist.

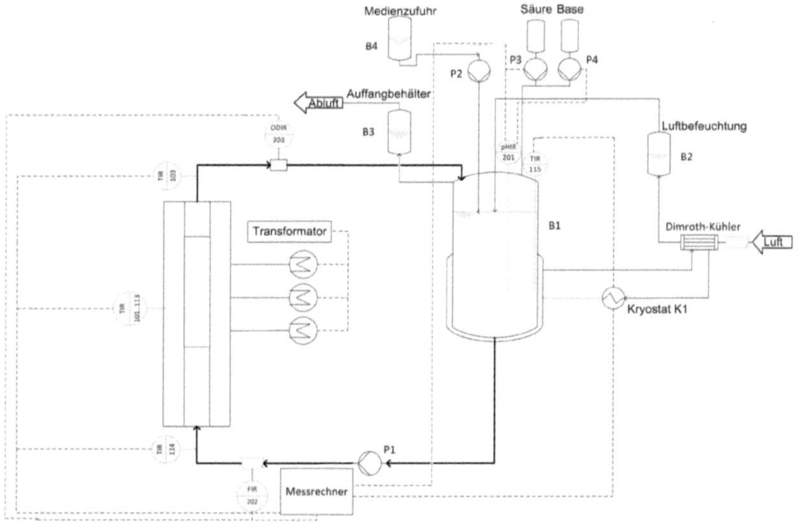

Abb. 4.17: Experimenteller Aufbau der Biofoulinganlage:
B1: Doppelwandbehälter; B2: Luftbefeuchtungsbehälter;
B3: Auffangbehälter; B4: Medienzufuhr; P1: Medienpumpe;
P3 und P4: Pumpen zur Säure- und Basezufuhr; K1: Kryostat;
ODIR: OD-Sensor; TIR101 - 114: Thermoelemente;
FIR202: Durchflussmesser

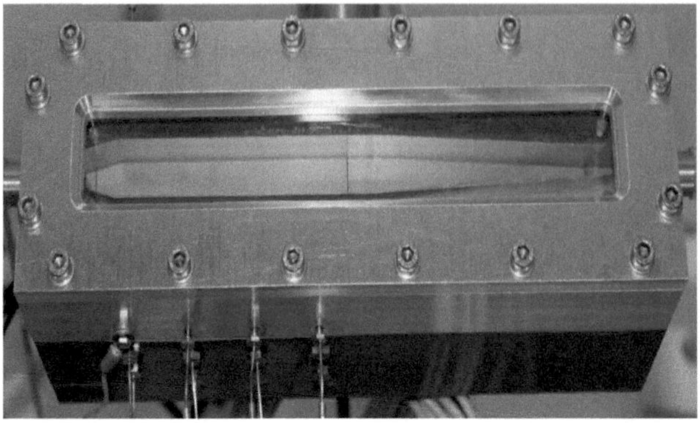

Abb. 4.18: Strömungskanal zur Generierung von Biofilmen

In Abb. 4.17 ist der Aufbau der Strömungsanlage dargestellt. Zur Einstellung der Kultivierungsbedingungen ist der Doppelwandbehälter B1 so ausgeführt, dass der pH-Wert und die Temperatur kontinuierlich gemessen und geregelt werden können. Die Bakteriensuspension wird unten am Behälter abgezogen und über einen Durchflussmesser durch den Strömungskanal (siehe Abb. 4.18) gefördert. Nach Austritt aus dem Messkanal wird mittels eines OD-Sensors (OD = optische Dichte) der Wachstumsverlauf der Kultur gemessen. Anschließend gelangt die Suspension zurück in den Behälter. Zur aeroben Kultivierung und zum Verhindern des Austrages von Feuchtigkeit wird befeuchtete Luft dem Medium zugeführt.

Weiterführende Arbeiten

Nachdem Vorversuche in Schüttelkolben zur Ermittlung der Wachstumskinetiken durchgeführt wurden, soll die Kultivierung im Reaktorsystem etabliert werden. Biofilme sollen reproduzierbar auf Edelstahlsubstraten (technisch glatt) einer Abmessung von 20 mm x 80 mm x 2 mm generiert werden. Anschließend werden unterschiedlich behandelte Substrate (Edelstahl elektropoliert und/oder mit DLC/SICAN/SICON® beschichtet) bezüglich der Verringerung des Biofilmwachstums bzw. der Verlängerung der Induktionsphase des Biofoulings getestet. Nachfolgend sollen ausgewählte physikalische Methoden, wie z. B. Ultraschall und/oder gepulstes UV-Licht, auf ihr Potential hin, die Biofilme abzureinigen bzw. den Wert der Koloniebildenden Einheit (KBE), als Maß der Kontamination, zu verringern, untersucht werden.

Die Forschung ist Teil des SUSCLEAN Projektes, welches von dem 7. EU-Forschungsrahmenprogramm der Europäischen Gemeinschaft finanziert wird.

4.1.7 Fouling bei der Wärmebehandlung von Milch in einem Plattenwärmeübertrager

(M.Sc. Cristiane Boxler)

Die Bildung von Ablagerungen auf Wärmeübertragern und weiteren Apparaten in der Lebensmittelindustrie und somit die Produktkontamination verursachen jährlich erhebliche Kosten für die Unternehmen. Zur Einhaltung der gesetzlich geforderten Qualitäts- und Hygieneanforderungen werden aufwändige und zeitintensive Reinigungs- und Spülzyklen benötigt, die wiederum mit Produktionsausfällen durch Stillstandzeiten und Kosten für Reinigungsmittel und deren Entsorgung sowie zusätzlichen Energieverbrauch verbunden sind. Antifoulingstrategien, die über lange Zeiträume wirksam sind und das Produkt sensorisch oder strukturell nicht beeinflussen, stehen daher derzeit im Mittelpunkt der Forschung und bieten die Möglichkeit zur Verbesserung der ökonomischen und ökologischen Effizienz der Betriebe.

Strömungsrezirkulation, Tot- bzw. Stagnationszonen und Bereiche mit geringer Strömungsgeschwindigkeit (z. B. in der Nähe der Plattenkontaktpunkte) sind als verantwortlich für die Ablagerung in Plattenwärmeübertragern identifiziert worden. Dennoch wird dieser Wärmeübertragertyp häufig in der Milchindustrie verwendet, weil er eine Reihe von Vorteilen bietet, wie z. B. einen guten Wärmeübergang, Flexibilität, Zugänglichkeit und Kompaktheit.

In diesem Vorhaben wurden zwei komplementäre Ansätze zur Foulingminderung in einem Plattenwärmeübertrager untersucht: (i) die Verringerung der adhäsiven Haftkräfte zwischen Belag und Substrat durch die energetische Modifizierung der wärmeübertragenden Oberfläche und (ii) die Erhöhung der auf die Oberfläche wirkenden Scherkräfte bzw. Wandschubspannung durch Steigerung der mechanischen Strömungskräfte.

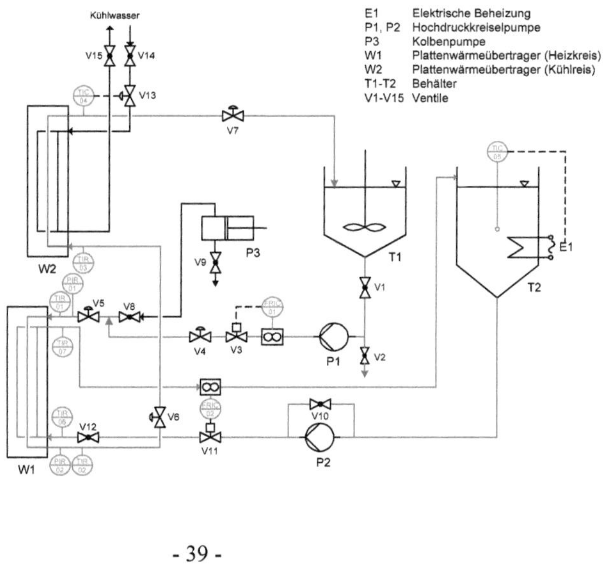

Abb. 4.19: Schematischer Aufbau der Versuchsanlage

Der Versuchsaufbau ist in Abb. 4.19 dargestellt. Dabei wurde Molkeproteinisolat (WPI) gelöst in SMUF (Simulated Milk Ultrafiltrate) in einem kommerziellen Plattenwärmeübertrager bei einem Volumenstrom von ca. 0,1 $m^3 h^{-1}$ (Re = 870) von 62 °C auf 85 °C erhitzt. Der Plattenwärmeübertrager W1 (Schaltung 1x1/2x1) wurde im Gegenstrom mit einer konstanten Wärmestromdichte von 25 kW m^{-2} betrieben. Mittels Temperatur- und Volumenstrommessungen konnte die Wärmebilanz um den isolierten Wärmeübertrager heiz- wie produktseitig bestimmt und somit der Foulingfortschritt erfasst werden. Nach den Foulingversuchen wurden die Platten ausgebaut und bei 50°C für eine Stunde mit einer 1%igen H_3PO_4-Lösung, zur Auflösung von mineralischen Rückständen (vor allem Calciumphosphat), und anschließend mit einer 1%igen NaOH-Lösung, zur Entfernung proteinhaltiger Beläge, gereinigt. Die Reinigungslösungen wurden dann hinsichtlich Stickstoff- und gesamtem Mineral- sowie Calcium- und Phosphatgehalt analysiert.

Fouling auf beschichteten Oberflächen

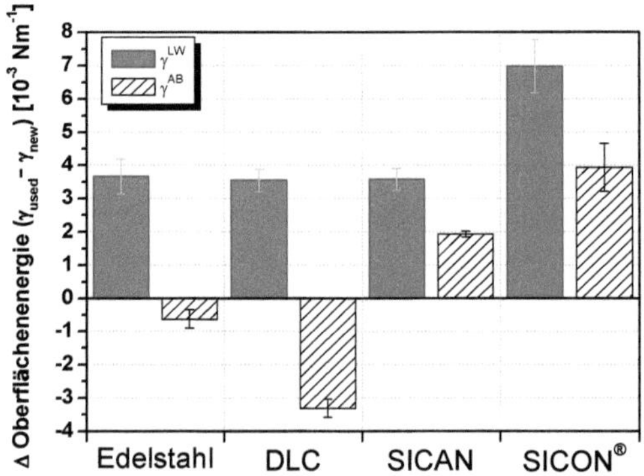

Abb. 4.20: Einfluss der Oberflächenalterung auf die freie Oberflächenenergie

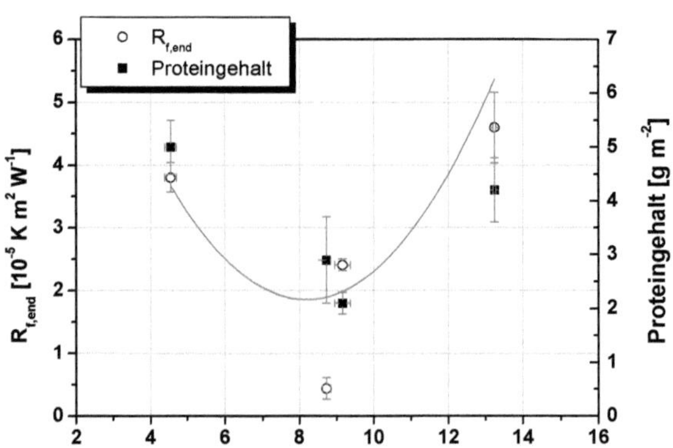

Abb. 4.21: Foulingwiderstand $R_{f,\,end}$ und Proteingehalt als Funktion der Elektronendonor-Komponente

Die mittels amorphen wasserstoffhaltigen Kohlenstoffbeschichtungen (a-C:H:X) modifizierten Oberflächen zeigten zunächst eine initiale Änderung der energetische Eigenschaften durch Alterung (siehe Abb. 4.20). Nach einigen Fouling- und Reinigungszyklen stellte sich ein konstanter stabiler Zustand ein. Die freie Oberflächenenergie wuden durch Kontaktwinkelmessungen an neuen beschichten Platten nach der ersten Reinigung bzw. nach mindestens drei Fouling- und Reinigungszyklen ermittelt und mittels des Ansatzes von *van Oss* berechnet.

Es bildete sich mehr Belag an den Plattenkontaktstellen, was bestätigt, dass diese Regionen anfälliger sind für Verschmutzungen. Ein Zusammenhang zwischen Beschichtungstyp und Zusammensetzung der Verschmutzung konnte beobachtet werden (siehe Tab. 4.1). Ein niedriger Proteingehalt auf DLC und SICAN sowie weniger Mineralienablagerung auf SICAN wurde festgestellt. Ein wichtiges Ergebnis ist, dass die Beläge auf den a-C:H:X Beschichtungen sich nicht nur durch den gemessenen Foulingwiderstand unterscheiden, sondern auch die Zusammensetzung (insbesondere das Protein/Mineralien-Verhältnis) und damit deren Struktur unterschiedlich sind. Folglich wurden ihre adhäsiven und kohäsiven Eigenschaften verändert.

Tab. 4.1: Endwert des Foulingwiderstandes und chemische Zusammensetzung des Belages

Ansatz	**Oberfläche/ Bedingungen**	**$R_{f, end}$ [10^{-5} m^2 K W^{-1}]**	**Protein [g m^{-2}]**	**Mineralien [g m^{-2}]**
Oberflächen-beschichtung	SS	3,8 ± 0,1	5,0 ± 0,5	281 ± 23
	DLC	2,4 ± 0,2	2,1 ± 0,2	253 ± 22
	SICAN	0,44 ± 0,06	2,9 ± 0,8	220 ± 11
	SICON®	4,6 ± 0,2	4,2 ± 0,6	246 ± 16
Pulsierende Strömung	Interrupted; A = 2,5 mm	3,7 ± 0,2	1,8 ± 0,3	220 ± 17
	Continuous; A = 2,5 mm	1,9 ± 0,3	2,5 ± 0,7	206 ± 2
	Interrupted; A = 5 mm	1,7 ± 0,2	1,7 ± 0,3	120 ± 36
	Continuous; A = 5 mm	3,0 ± 0,2	2,4 ± 0,6	71 ± 9

Ein optimaler Wert des Elektronendonators (γ^-) für minimales Fouling sowie minimale Proteinablagerung wurde ermittelt (siehe Abb. 4.21). Die Ergebnisse belegen das Potenzial der untersuchten Beschichtungen für den Einsatz in der Lebensmittelindustrie.

Fouling unter pulsierender Strömung

Eine kontinuierliche überlagerte Oszillation wurde durch eine Kolbenpumpe vor dem Wärmeübertrager W1 auf der Produktseite erzeugt. Zwei aufeinanderfolgende Hübe wurden kontinuierlich oder mit einem Zeitabstand von 10 s bei einer konstanten Frequenz von 1,68 Hz eingebracht. Die Amplitude wurde zusätzliche durch den Kolbenhub eingestellt und somit die Welligkeit variiert.

Ein sinusförmiger Verlauf des Druckes am Ein- und Austritt des Plattenwärmeübertragers sowie eine Erhöhung des Wärmedurchganges konnte gemessen werden. Der physikalische Effekt der oszillierenden Wandschubspannung beeinflusst, abhängig von den Pulsationsparametern, die Belagbildung (siehe Tab. 4.1). Obwohl sich weniger Protein bei Pulsation ablagert, hatte die Variation der Pulsationsbedingungen einen vernachlässigbaren Effekt auf den Proteingehalt der Ablagerung. Hingegen war der Einfluss auf den Mineraliengehalt merklich, der mit zunehmender Pulsationsamplitude abnahm. Darüber hinaus weisen Schwankungen im Verlauf der Foulingkurve bei der ununterbrochenen Pulsation auf eine Abtragung des Belages während des Versuches hin.

Frau Boxler wurde mit Stipendien der Friedrich-Ebert-Stiftung und des Deutschen Akademischen Austausch Dienstes (DAAD) gefördert.

4.1.8 Entwicklung eines verschmutzungsresistenten Wärmeübertragers für mit Biogas betriebenen Blockheizkraftwerken

(Dipl.-Ing. Steffi Höft)

Blockheizkraftwerke produzieren aus konventionellen Energieträgern gleichzeitig Strom und Wärme und steigern durch diese Kraftwärmekopplung (KWK) ihren Gesamtwirkungsgrad erheblich. Die Wärme sollte hierbei möglichst vor Ort genutzt werden, weil sonst hohe Verluste entstehen. Einfach umgesetzt werden kann dies mit einem Mikro-Blockheizkraftwerk (µBHKW), welches Wärme für Warmwasser und Heizung in einem Ein- oder Mehrfamilienhaus bereitstellt und gleichzeitig Strom erzeugt. Um hierbei den thermischen Wirkungsgrad weiter zu optimieren, wird die Abgaswärme in einem sekundären Kreislauf genutzt und auf ca. 40 °C abgekühlt. Dabei kondensiert im Abgas befindlicher Wasserdampf und sorgt für den sogenannten Brennwerteffekt, also für eine Erhöhung des Wirkungsgrades durch Nutzung der Kondensationsenthalpie des Wassers.

Die Mikro-Blockheizkraftwerke der Firma Intelli Engineering werden zurzeit mit Erdgas betrieben, es soll zukünftig aber auch Biogas als Brennstoff eingesetzt werden. Allerdings ergibt sich bei der Verbrennung von Biogas das Problem von Ablagerungen im abzukühlenden Gasstrom. Bei Biogas handelt es sich um ein Naturprodukt, welches je nach Herkunft unterschiedliche Zusammensetzungen und Produktionsweise aufweisen kann. Ziel des Projektes ist es, einen Wärmeübertrager für die Abkühlung des Abgases zu entwickeln, der die Ablagerungsbildung minimiert und/oder mit möglichst geringem personellen und finanziellen Aufwand austauschbar bzw. reinigbar ist.

Einer der Haupteffekte, der zur Anhaftung von festen Bestandteilen des Abgases auf der Oberfläche des Wärmeübertragers führt, ist die Thermophorese. Sie führt dazu, dass die Rußpartikel sich entlang des Temperaturgradienten hin zur kalten Wand bewegen. An der Wand haften die Partikel dann aufgrund von Adhäsion. Unterstützt wird dieser Mechanismus durch die Kondensation von Wasser und unverbrannten Kohlenwasserstoffen. Versuche sollen Aufschluss darüber bringen, bei welchen Bedingungen Partikelfouling auftritt und wann nicht. Außerdem sollen Antihaftbeschichtungen auf ihre foulingmindernden Eigenschaften hin überprüft werden.

Als Versuchsgas soll ein Modellabgas aus Luft, Wasser, Glycerin und Rußpartikeln generiert wird. Dies geschieht mithilfe einer Versuchsanlage (siehe Abb. 4.22), in der Umgebungsluft angesaugt, mit elektrischen Heizkerzen erhitzt und mit Rußpartikeln versetzt wird. Außerdem werden flüssiges Wasser und Glycerin als Mischung hinzu dosiert. Dieses Gemisch aus Luft, Flüssigkeitstropfen und Rußpartikeln wird nun innerhalb eines Modell-Kühlers auf einer Strecke von 26 cm von ca. 60 °C auf 40 °C abgekühlt. Dabei wird über den Druckverlust und den Wärmestrom das Fouling auf der kalten Oberfläche detektiert.

Abb. 4.22: Fließbild der Versuchsanlage

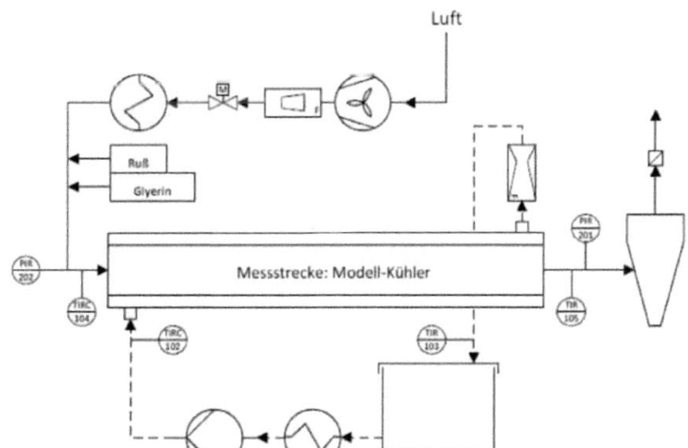

Abb. 4.23 zeigt die Entwicklung des Druckverlustes über der Versuchsdauer für fünf Versuche. Deutlich ist ein Anstieg zu erkennen, was auf das Wachstum einer Foulingschicht hindeutet. Bei allen Versuchen ist ein ähnlicher Verlauf zu erkennen und auch die Startzeit nach einer kurzen Induktionsphase scheint bei allen Versuchen ungefähr gleich lang zu sein. Schaut man sich nun den übertragenen Wärmestrom auf der Kühl- und der Heizseite an, so erkennt man mit zunehmender Versuchsdauer, also mit steigendem Druckverlust, eine Leistungssteigerung. Daraus resultiert eine Senkung des Foulingwiderstandes, wie es in Abb. 4.24 gezeigt wird. Die Belagbildung führt also zumindest anfangs zu einer Verbesserung des Wärmeübergangs innerhalb des Rohres.

Dies kann wiederum auf eine höhere Turbulenz zurückgeführt werden, die sich auf den schlechten Wärmeübergang vom heißen Gas zur kalten Wand stark auszuwirken scheint. Weitere Versuche zur Klärung dieses Phänomens sind geplant.

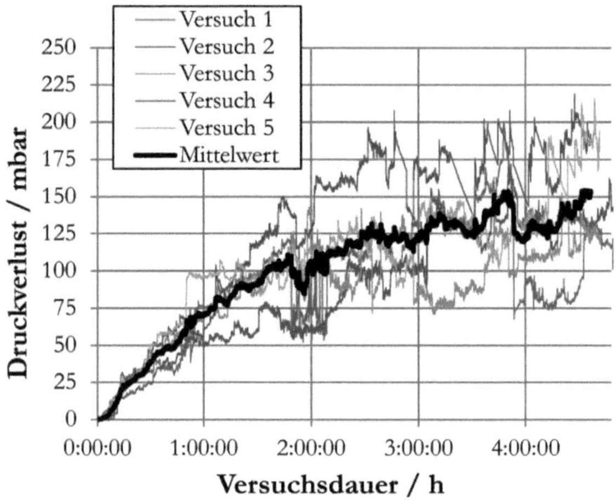

Abb. 4.23: Druckverlustentwicklung mit der Versuchsdauer

Diese ersten Versuche wurden in einem Doppelrohrwärmeübertrager durchgeführt, bei dem das heiße Gas im inneren Rohr strömt und von außen gekühlt wird. Dieser Aufbau hat verschiedene Nachteile: Eine Innenbeschichtung von Rohren ist nicht möglich, die Beobachtung des Foulingprozesses ist schwierig, der Wärmestrom kann nur integral ermittelt und es kann kein lokaler Foulingwiderstand berechnet werden. Daher wurden zwei neue Wärmeübertrager zur Untersuchung des Partikelfoulings konstruiert:

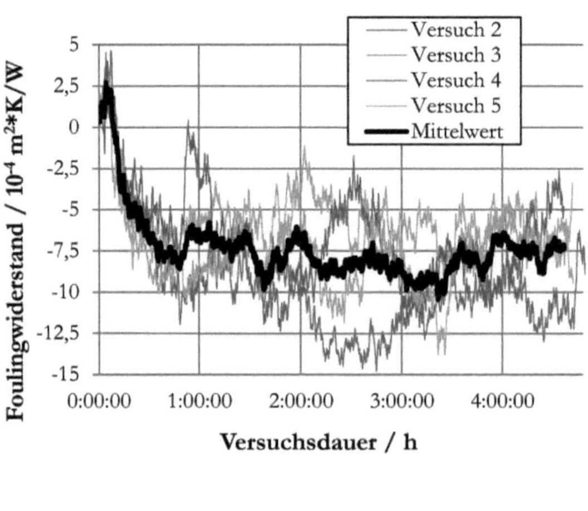

Abb. 4.24: Foulingwiderstand über der Versuchsdauer

Abb. 4.25:
Doppelrohrwärmeübertrager mit innenseitiger Kühlung

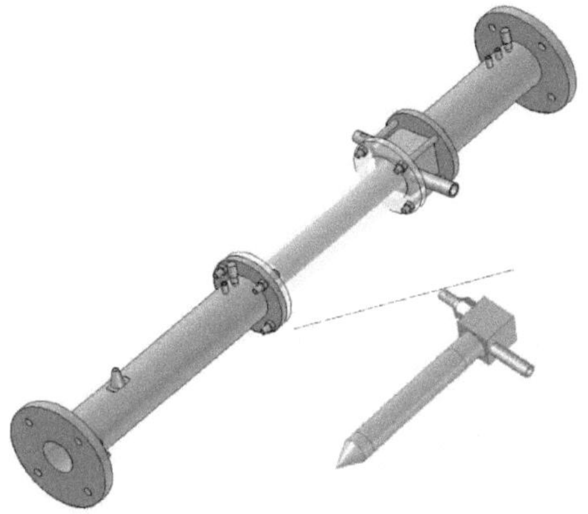

In Abb. 4.25 ist ein Doppelrohrwärmeübertrager mit innenseitiger Kühlung zu sehen. Das Besondere hierbei ist der Kühlfinger (im Bild rechts), der innen noch einmal in ein Doppelrohr aufgeteilt ist, damit das Kühlwasser darin von hinten nach vorn und wieder zurück geleitet wird. Es ist möglich die äußere Hülle des Fingers zu wechseln und somit unterschiedlich beschichtete Oberflächen zu untersuchen. Bei moderaten Temperaturen kann außerdem durch den Einsatz eines Glasrohres die Schichtbildung von außen beobachtet werden.

Abb. 4.26:
Flacher Strömungskanal

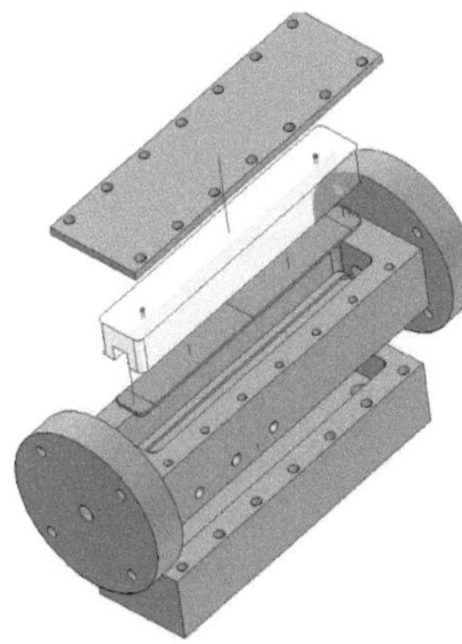

Außerdem wurde ein zweiter, flacher Kanal (siehe Abb. 4.26) entworfen und gebaut, mit dessen Hilfe neben dem Druckverlust auch ein lokaler Wärmeübergang bestimmt werden kann. Hierzu sind Thermoelemente in zwei Höhen in die Wärmeübertragerwand eingelassen. Auch hier kann das Fouling bei moderaten Temperaturen durch ein Sichtfenster aus Plexiglas beobachtet werden.

Dieses Forschungsprojekt wird in Zusammenarbeit mit Intelli Engineering GmbH durchgeführt und durch die Deutsche Bundesstiftung Umwelt DBU finanziell gefördert.

4.2 Energieeffizienz

4.2.1 Erweiterte Einsatzmöglichkeiten von Naturumlaufverdampfern durch Turbulenzpromotoren und strukturierte Rohre

(Dipl.-Ing. Jochen Hammerschmidt)

Naturumlaufverdampfer sind aufgrund ihrer geringen Investitionen und Betriebskosten ein wirtschaftlicher Verdampfertyp zur Stofftrennung oder zur Dampferzeugung in Rektifikationskolonnen. Da der Selbstumlauf durch den Dichteunterschied zwischen einphasigem Zulauf und dem Dampf-/Flüssigkeitsgemisch im Verdampferrohr angetrieben wird, ist dieser Verdampfer jedoch u.a. limitiert in Bezug auf eine minimale erforderliche treibende Temperaturdifferenz, einen minimalen erforderlichen Betriebsdruck sowie eine maximale Viskosität des Mediums. Durch den Einsatz von Drahtgestrickeinbauten und berippten Rohren lässt sich das Betriebsverhalten dieses Apparates stabilisieren sowie Wärmeübergang und Fluiddynamik für die jeweiligen Betriebsbedingungen verbessern. Das Drahtgestrick-Insert zeigte sich dabei besonders gut geeignet für viskose, unterkühlte Systeme, während das berippte Rohr bei niedrigviskosen Systemen mit geringer Flüssigkeitsunterkühlung eine Verbesserung des integralen Wärmeübergangs gegenüber dem Glattrohr gezeigt hat. Um den Einfluss der Turbulenzpromotoren auf die Naturumlaufverdampfung bei den jeweiligen Betriebsbedingungen vorausberechnen zu können, ist eine Auswertung der Versuchsergebnisse in der Aufheiz- und der Verdampfungszone erforderlich. Da beim Naturumlaufverdampfer weder der Umlaufstrom noch der Wärmeübergang bei Beginn einer Berechnung bekannt sind, ist zur Vorausberechnung ein iteratives Vorgehen erforderlich. Im Folgenden werden ein iteratives, segmentweise rechnendes Simulationsprogramms in Matlab und die experimentelle Ermittlung der Wärmestromdichten für die unterschiedlichen Turbulenzpromotoren in der Aufheiz- und Verdampfungszone vorgestellt.

Simulation

Die Funktionsweise des Simulationsprogramms mit den Berechnungszonen und getroffenen Annahmen sind in Abb. 4.27 gezeigt.

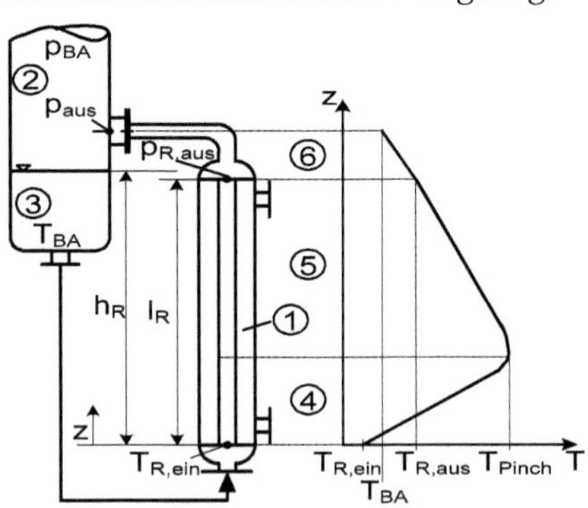

Abb. 4.27: Modell des Simulationsprogramms

Auf der Heizseite des Verdampfers (1) findet eine isotherme Kondensation des Heizdampfes statt. Durch den vorgegebenen Systemdruck im Brüdenabscheider ergibt sich die Siedetemperatur des zu verdampfenden Mediums (2). Im Zulauf zum Verdampferrohr erfährt das Medium Druck- und Wärmeverluste (3). Der Druck am Einlauf des Verdampferrohrs ergibt sich aus dem Systemdruck im Brüdenabscheider, den hydrostatischen und dynamischen Druckanteilen sowie dem der Strömung entgegenwirkenden, einphasigen Reibungsdruckverlust. In der Aufheizzone (4) erwärmt sich das unterkühlte Fluid konvektiv an der Verdampferrohrwand. Gleichzeitig erfolgt neben einem hydrostatischen Druckabfall ein Reibungsdruckverlust. Durch die Temperaturerhöhung und die Verringerung des Drucks wird am Pinch die Siedetemperatur erreicht. Ab diesem Punkt befinden sich Dampf- und Flüssigphase in der Verdampfungszone (5) im Gleichgewicht. Der Wärmeübergang in dieser Zone erfolgt in Abhängigkeit von der zur Dampfblasenbildung erforderlichen Wandüberhitzung in Form von konvektivem Sieden bzw. Blasensieden. Zwischen der dampfförmigen und flüssigen Phase treten aufgrund der Geschwindigkeitsunterschiede Reibungsdruckverluste auf. Neben dem zusätzlich erfolgenden geodätischen Druckabfall ist ein Beschleunigungsdruckverlust zu berücksichtigen. Dieser entsteht durch den Übergang von Fluidmolekülen der langsamer strömenden flüssigen in die schnellere dampfförmige Phase. Die Dampfphase nimmt in axialer Richtung vom Pinch zum Verdampferrohraustritt aufgrund der Beheizung und der mit sinkendem Druck einhergehenden Flashverdampfung zu. Zweiphasige Druckverluste und eine Flashverdampfung finden auch im Brüdenrohr (6) statt. Zur Berechnung der Fluiddynamik und des Wärmeübergangs im ein- und zweiphasigen Bereich werden für das Glattrohr im *VDI-Wärmeatlas* empfohlene Gleichungen verwendet. In das Simulationsprogramm sind die Betriebsbedingungen (Druck im Brüdenabscheider, Heizdampfdruck, Medien auf Heiz- und Produktseite, der scheinbare Flüssigkeitsstand h_s^* sowie die Eintrittstemperatur in das Verdampferrohr) anzugeben. Zusätzlich sind geschätzte Startwerte für die Rohreinlaufgeschwindigkeit und die integrale Wärmestromdichte erforderlich. Das Programm berechnet segmentweise die lokalen Wärmeübergänge auf der Heiz- und Produktseite sowie die auftretenden Druckverluste. In der ersten Iterationsschleife wird dabei die Rohreinlaufgeschwindigkeit so lange konstant gehalten, bis sich die übertragenen Wärmeströme der einzelnen Segmente nicht mehr signifikant ändern. In einer zweiten Iterationsschleife wird die Rohreinlaufgeschwindigkeit so variiert, dass der berechnete Druck am Austritt des Brüdenrohrs dem lokalen Druck im Brüdenabscheider entspricht. Die geschätzten Startwerte beeinflussen das Ergebnis der Simulation nicht; bei großer Abweichung zwischen Schätzwerten und zu erwartenden Werten bricht das Programm mit einer Fehlermeldung ab. Wie in Abb. 4.28 zu erkennen ist, zeigen experimentell ermittelte und simulierte Werte des Wärmeübergangs und der Fluiddynamik eine gute Übereinstimmung für das Glattrohr.

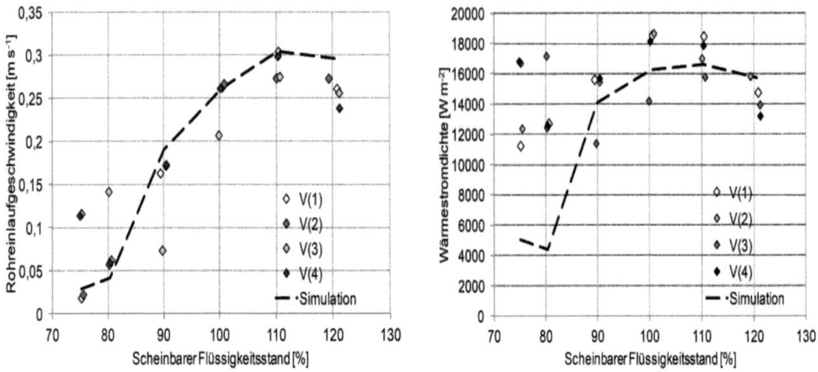

Abb. 4.28: Rohreinlaufgeschwindigkeiten und Wärmestromdichten, Rohrseite: Wasser, 0,324 bar; Heizseite: Wasser, 0,530 bar, $\Delta T = 12$ K

Sowohl die Fluiddynamik als auch der Wärmeübergang können gut berechnet werden. Lediglich bei niedrigen scheinbaren Flüssigkeitsständen wird der Wärmeübergang durch die Simulation deutlich unterschätzt. Die Gründe hierfür liegen in den konservativen Korrelationen für den laminaren Wärmeübergang sowie dem im realen Betrieb vorkommenden pulsierenden Betriebsverhalten mit einhergehender Störung der thermischen Grenzschicht, was in der Simulation nicht berücksichtigt wird.

Experimentelle Ermittlung der lokalen Wärmestromdichten

Zur Erstellung von Berechnungskorrelationen für den ein- und zweiphasigen Wärmeübergang ist eine Trennung in Aufheiz- und Verdampfungszone anhand des ermittelten Kernströmungsprofils möglich. Die maximale Temperatur der Kernströmung wird dabei als das Ende der Aufheizzone und Beginn der Verdampfungszone festgelegt. Durch Ausgleichsgeraden können die Temperaturänderungen in der Aufheiz- und Verdampfungszone gut beschrieben werden. Der in der Aufheizzone übertragene Wärmestrom lässt sich mit dem Umlaufmassenstrom, bekannter Eintrittstemperatur, ermittelter Pinchtemperatur und der spezifischen Wärmekapazität des Mediums berechnen. Aus der Differenz zwischen dem integral für das ganze Rohr übertragenen Wärmestrom und dem Wärmestrom der Aufheizzone ergibt sich dieser für die Verdampfungszone. Die Wärmestromdichten der beiden Zonen sind mit der bekannten jeweiligen wärmeübertragenen Innenfläche des Versuchsrohrs zu berechnen, siehe Abb. 4.29.

Abb. 4.29:
Bezogene Wärmestromdichten, Rohrseite: Wasser, 0,2 bar; Heizseite: Wasser, 0,39 bar; $\Delta T = 15$ K; $h_s^* = 90$ %

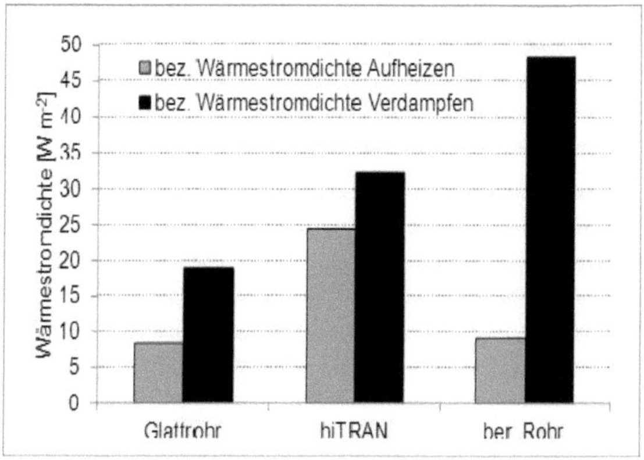

Für die dort dargestellten Betriebsbedingungen werden bei Verwendung des Glattrohrs Wärmestromdichten von etwa 8,4 kW m^{-2} in der Aufheizzone und 19,0 kW m^{-2} in der Verdampfungszone erreicht. Beim hiTRAN-Insert ist in der Verdampfungszone gegenüber dem Glattrohr eine Vergrößerung der Wärmestromdichte um einen Faktor von 1,7 festzustellen. Deutlich stärker fällt die Wärmeübergangsverbesserung allerdings in der Aufheizzone aus. Hier ist die Wärmestromdichte des Drahtgestrick-Inserts um einen Faktor von 2,9 größer. Das innenberippte Rohr zeigt gegenüber dem Glattrohr keine wesentliche Erhöhung des Wärmeübergangs in der Aufheizzone. Dafür ist die Wärmestromdichte in der Verdampfungszone mit 48,3 kW m^{-2} um einen Faktor 2,5 größer als die des Glattrohrs. Mit Hilfe der Innenwandtemperaturen und der Wärmestromdichten der Aufheiz- und Verdampfungszone lassen sich schließlich Korrelationen zur Berechnung der ein- und zweiphasigen Wärmeübergangskoeffizienten für die verwendeten Turbulenzpromotoren ermitteln.

Dieses IGF-Projekt wurde durch die Forschungsvereinigung GVT über die AiF im Rahmen des Programms zur Förderung der Industriellen Gemeinschaftsforschung und -entwicklung (IGF) vom Bundesministerium für Wirtschaft und Technologie aufgrund eines Beschlusses des Deutschen Bundestages gefördert.

4.2.2 Rektifikation viskoser Systeme
(Dipl.-Ing. Christian Bradtmöller)

Im Projekt wird die Trennung viskoser Gemische durch Rektifikation in Packungskolonnen untersucht. Das Projekt erfolgt in Kooperation mit dem Lehrstuhl für Fluidverfahrenstechnik der Universität Paderborn. Dort wird das Modell der „Hydrodynamischen Analogien“ weiterentwickelt. Dieses bietet die Möglichkeit durch Kombination einfacher Strömungselemente eine komplexe Fluiddynamik abzubilden und so die Trennung von Gemischen zu simulieren.

Die Viskosität bestimmt zusammen mit anderen stofflichen Parametern, wie Grenzflächenspannung und Dichte, den Stoffübergang zwischen Dampf- und Flüssigphase und die Fluiddynamik. Ziel der Arbeiten ist es, den Einfluss der Stoffeigenschaften auf Trennleistung und Fluiddynamik besser zu verstehen und genauer beschreiben zu können. Es soll geklärt werden, inwiefern vorhandene Modelle geeignet sind, auch bei Mischungen hoher Viskosität die Vorgänge in einer Rektifikationskolonne zu beschreiben.

Bisher vorhandene Modelle sind nur anhand von Daten von niedrig viskosen Testgemischen validiert. Das für die Versuche ausgewählte binäre Stoffsystem 2-Methyl-2-Butanol/2-Methyl-1-Propanol weist bei typischen Betriebsbedingungen Viskositäten von 1 bis 6,5 mPas auf. Diese liegen damit um den Faktor vier oberhalb der Viskosität des Standardtestgemisches Chlorbenzol/Ethylbenzol, das allgemein als Referenz verwendet wird. Ergänzend zu Rektifikationsversuchen im Maßstab DN 50 werden die Strömungsvorgänge an Einzellagen und die Fluiddynamik in einer DN 150 Kolonne untersucht.

Messung des Einflusses der Viskosität auf Trennleistung und Druckverlust

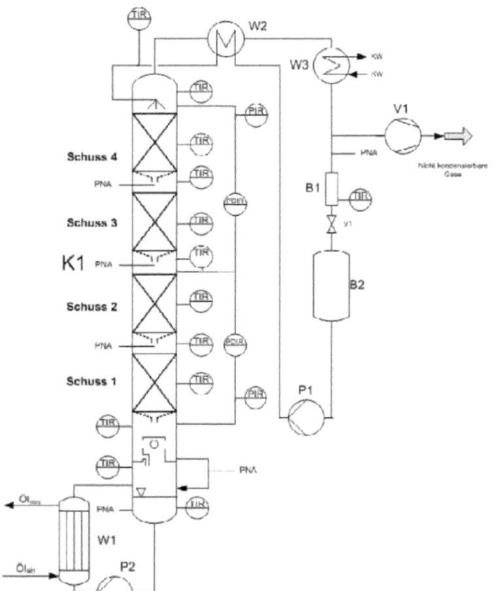

Abb. 4.30: Schematische Darstellung der DN 50 Kolonne

Zur Bestimmung der Trennleistung wird eine Rektifikationskolonne DN50 genutzt (siehe Abb. 4.30). Es wird die strukturierte Packung Mellapak 500Y mit einer Gesamthöhe von 2,4 m verwendet. Proben können unterhalb jedes der vier Betten genommen werden, um ein Konzentrationsprofil zu erhalten. Eine Messung der Temperatur wird an weiteren Positionen vorgenommen, sodass über das Temperaturprofil eine noch genauere Analyse der Vorgänge möglich ist.

In der Literatur wurden beim Betrieb einer Kolonne in Stripperfahrweise für Viskositäten von 26 bis 260 mPas eine deutliche Abnahme der Trennleistung und maximalen Gasbelastung gefunden. Die in Abb. 4.31 dargestellten HETP-Werte zeigen die Ergebnisse für das Referenzstoffsystem CB/EB und das viskose Gemisch der Alkohole. Es zeigt sich, dass es trotz moderater Zunahme der Viskosität bei einem Betriebsdruck von 100 mbar zu einer Zunahme des HETP-Wertes von 0,22 m für das Referenzstoffsystem auf etwa 0,35 m kommt. Bei einem Betriebsdruck von 20 mbar weist das viskose Stoffsystem Viskositäten von bis zu 6,5 mPas auf. Hieraus resultieren HETP-Werte von mehr als 0,45 m, was einer Halbierung der Trennleistung entspricht. Desweiteren kommt es zu einer Zunahme des Druckverlustes und die maximale Gasbelastung wird reduziert.

Abb. 4.31: Trennleistung für Chlorbenzol/Ethylbenzol und 2-Methyl-2-Butanol/ 2-Methyl-1-Propanol für verschiedene Betriebsdrücke

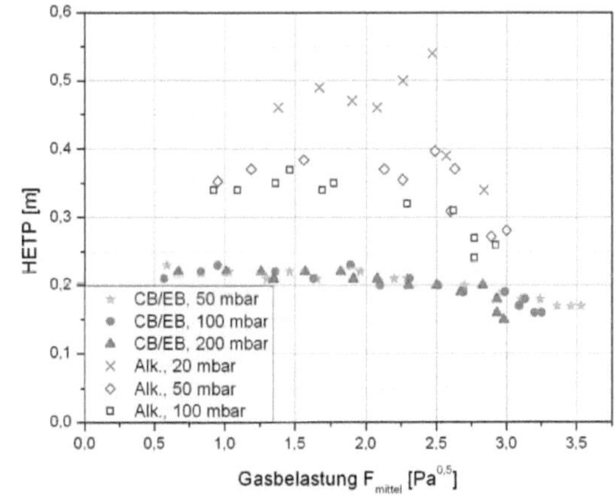

Untersuchung der Strömungsmuster und Benetzung an Einzellagen

Abb. 4.32: Mit Wasser/Luviskol benetzte Packung Mellapak 500Y

Bei Versuchen an einzelnen Lagen der strukturierten Packung wird der Flüssigkeits-Hold-up gemessen und die sich ausbildenden Strömungsmuster analysiert. Dies ist wichtig, um im Rahmen der hydrodynamischen Analogien sinnvolle Annahmen zu treffen und die Eignung vorhandener Stoffübergangsmodelle zu beurteilen.

Hierzu wird eine Einzellage in einem Rahmen eingespannt, über 21 Tropfstellen berieselt und mit Schwarzlicht beleuchtet. Während des Versuchs wird die Masse gemessen und Bilder werden aufgenommen. Für die Versuche wird ein Gemisch aus Wasser mit Fluoreszein und Luviskol® zur Einstellung der Viskosität verwendet. Variiert werden die Flüssigkeitsbelastung und die Viskosität der Mischung von 1 bis 36 mPas. Abbildung 4.32 zeigt die Benetzung bei einer Viskosität von 4,5 mPas und geringer Flüssigkeitsbelastung. Der mittels Wägung bestimmte Hold-up wird mit Ergebnissen aus der DN 150 Kolonne verglichen. Die Bilder werden bezüglich der benetzten Fläche und der Lichtintensität dieser Fläche ausgewertet. Durch den Zusammenhang von Intensität und Filmdicke kann nicht nur eine Änderung der mittleren Filmdicke detektiert werden, sondern es wird auch die Bestimmung einer Filmdickenverteilung möglich. Es zeigt sich, dass eine Erhöhung der Viskosität nicht nur zu einer Zunahme der Filmdicke führt, sondern auch zu einer anderen Verteilung. Die Filmdicke soll in Zukunft mit Hilfe eines Kalibriernormals bestimmt werden, wobei der daraus berechnete Hold-up mit der gravimetrischen Bestimmung validiert werden kann.

Versuche zur Fluiddynamik

Ergänzend zu den Rektifikationsversuchen werden in einer Kolonne DN 150 fluiddynamische Größen wie der Hold-up und der Druckverlust im Gegenstrom mit Gas gemessen. Die Bestimmung des Hold-up erfolgt mittels Wägung, wodurch auch eine gute Kontrolle des Versuches möglich ist. Analog zu den Versuchen mit der Einzellage wird ein Wasser/Fluoreszein/Luviskol-Gemisch verwendet. Der Kolonnenschuss aus Glas ermöglicht durch die Beleuchtung mit Schwarzlicht eine Beurteilung der Randgängigkeit der Flüssigkeit und der auftretenden Strömungsmuster im Randbereich der Packung.

Der bereits in der DN 150 Kolonne gemessene Hold-up ohne Gegenstrom von Gas korreliert sehr gut mit den Ergebnissen für die Einzellage. Generell ist eine signifikante Zunahme des Hold-up mit steigender Viskosität und Flüssigkeitsbelastung festzustellen. Die für Wasser ohne Luviskolzugabe gefundenen Werte entsprechen Ergebnissen aus der Literatur, die mittels Röntgentomographie bestimmt wurden und werden durch vorhandene Modellen korrekt beschrieben. Der Hold-up bei hoher Viskosität wird hingegen von vielen Korrelationen überschätzt. Daher bilden die Fluiddynamikversuche die Grundlage für eine Modellierung des im DN 50 Maßstab experimentell bestimmten Stoffüberganges.

Dieses Projekt wird durch die Deutsche Forschungsgemeinschaft (DFG) finanziell gefördert.

4.2.3 Einsatz von Thermoblechapparaten als Naturumlaufverdampfer – InnovA^2

(Dipl.-Ing. Robert Goedecke)

Ziel des Verbundforschungsprojektes „Innovative Apparate- und Anlagenkonzepte zur Steigerung der Effizienz von Produktionsprozessen - InnovA^2" ist die Erschließung bisher nicht genutzter Potentiale zur Steigerung der Prozessintegrierten Energieeffizienz (PIE) durch Nutzung innovativer Apparate- und Anlagenkonzepte zur Wärmeübertragung. Hierfür werden neuartige Apparate untersucht, welche bei besonders kleinen Temperaturdifferenzen Wärme sicher übertragen oder die eine gleichzeitige Wärmeintegration zwischen mehreren Strömen ermöglichen. Neben Versuchen im Labormaßstab sind auch Versuche im Technikumsmaßstab oder als Nebenstromanlagen bei verschiedenen Industriepartnern geplant. Außerdem sollen für den Anwender Berechnungsvorschriften erstellt werden, die eine orientierende Auslegung der Apparate erlauben. Desweiteren erfolgt auf Grundlage der experimentellen Ergebnisse eine ökonomische und eine ökologische Betrachtung dieser Apparate. Durch diese Maßnahmen soll die Akzeptanz der neuen Apparatekonzepte bei Anlagenbetreibern gesteigert und durch deren Einsatz neue Energieeffizienzpotenziele von Produktionsprozessen erschlossen werden. An dem Projekt nehmen fünf Universitäten und zwölf Industriepartner teil. Nähere Informationen sind unter www.innova2.de zu finden.

Thermoblech-Naturumlaufverdampfer

Naturumlaufverdampfer werden in der Prozessindustrie sehr häufig als Sumpfverdampfer in Rektifikationskolonnen oder als einstufige Verdampfer eingesetzt. Aufgrund von Dichteunterschieden zwischen dem unterkühlten einphasig flüssigen Zulauf und dem dampfförmig-flüssigen Austritt kommt es zum Selbstumlauf des zu verdampfenden Mediums. Damit entfällt der Einsatz einer Pumpe, was niedrigere Investitionen und Betriebskosten im Vergleich zu vielen anderen Verdampferarten zur Folge hat. Der Selbstumlauf ist an die Fluiddynamik und den Wärmeübergang gekoppelt. Hierdurch ergeben sich Betriebsgrenzen beim minimalen Verdampfungsdruck, der minimalen treibenden Temperaturdifferenz und einer maximalen Viskosität. Thermoblechapparate werden in der chemischen Industrie bisher hauptsächlich als Kopfkondensatoren in Rektifikationskolonnen eingesetzt. Ein Thermoblech besteht aus zwei am Rand mit einer Rollnaht verbundenen Blechen. Diese Bleche werden mit einem Punktschweißmuster versehen und anschließend unter hohem Druck mit Luft oder Öl aufgeweitet. Hierdurch ergibt sich eine kissenartige Struktur. Zwischen den einzelnen Thermoblechen ist der Spaltabstand frei wählbar. Aufgrund des Wellenprofils ergeben sich verbesserte Wärmeübergangskoeffizienten bei gleichzeitig relativ niedrigen Druckverlusten im Vergleich zum glatten Rohr. Diese Eigenschaften lassen eine Anwendung eines Thermoblechapparates als Naturumlaufverdampfer sinnvoll erscheinen.

Thermoblech-Naturumlaufverdampferanlage

Zur Untersuchung des Thermoblechapparates für die Naturumlaufverdampfung wurde eine Versuchsanlage aufgebaut. In Abb. 4.33 ist der schematische Aufbau der Versuchsanlage für die Messung des einphasigen Wärmeübergangs dargestellt. In diesem Projekt wird ein Thermoblechapparat mit 0,46 m^2 Wärmeübertragungsfläche der Firma DEG Engineering mit drei lasergeschweißten Thermoblechen untersucht. Die Beheizung erfolgt mittels Wassersattdampf innerhalb der Thermobleche. Für erste einphasige Wärmeübergangsmessungen wurde die Pumpe P1 eingebaut, welche Wasser durch die Spalte zwischen den Thermoblechen fördert. Der im Brüdenabscheider B1 entstehende Dampf wird im Kondensator W2 kondensiert, gravimetrisch bestimmt und anschließend wieder in den Brüdenabscheider B1 zurückgefördert. Die anfallende Heizdampfkondensatmenge wird ebenfalls gravimetrisch bestimmt. Zur Bilanzierung der Wärmeströme kann neben den Kondensatströmen auch der Kühlwasserstrom bestimmt werden. Somit ist eine dreifache energetische Bilanzierung möglich. Durch Variation der produktseitigen Reynoldszahl kann mittels des Wilson-Plot-Verfahrens der heizseitige Wärmeübergangskoeffizient bestimmt werden. Diese Untersuchung wird für verschiedene Heiz- und Produkttemperaturen durchgeführt. Außerdem wird der einphasige Druckverlust in den Spalten zwischen den Thermoblechen bestimmt.

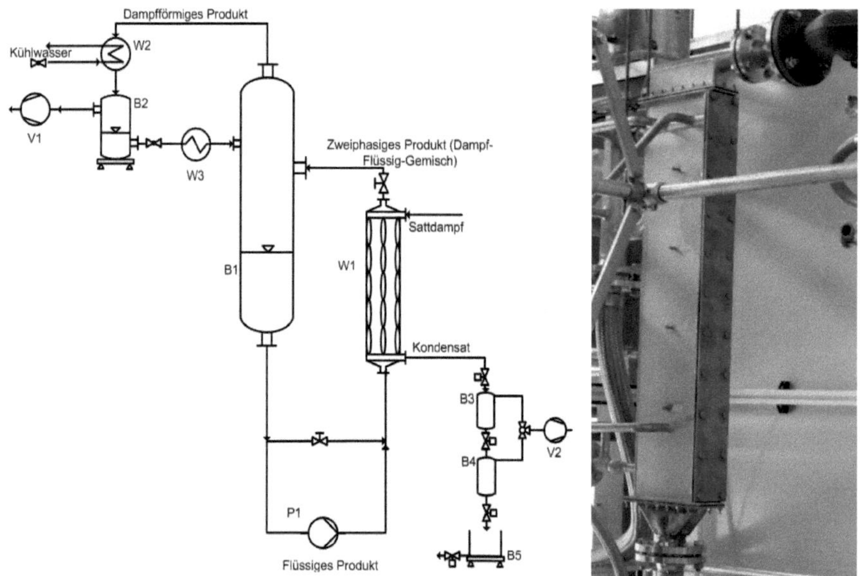

Abb. 4.33: Fließbilder Versuchsanlagen Thermoblech-Naturumlaufverdampfer (links), Thermoblechapparat (rechts)

Weitere Arbeiten

Nach den Experimenten zum Druckverlust und einphasigen Wärmeübergang werden Versuche im Naturumlauf durchgeführt. Hierbei wird der Einfluss des Verdampfungsdrucks, des scheinbaren Flüssigkeitsstandes und der treibenden Temperaturdifferenz zwischen Heiz- und Produktseite für Wasser, Hexanol und ein Wasser-Glycerin-Gemisch untersucht. Ziel hierbei ist es, die Betriebsgrenzen für diesen Apparat zu bestimmen und diese mit Naturumlaufverdampfern in Rohrbündelbauweise zu vergleichen.

Die Forschung ist Teil des Verbundprojektes „Innovative Apparate- und Anlagenkonzepte zur Steigerung der Effizienz von Produktionsprozessen - InnovA²", welches vom Bundesministerium für Bildung und Forschung (BMBF) gefördert wird.

4.2.4 Ökobilanzielle Bewertung von Maßnahmen zur Prozessintensivierung

(Mandy Wesche, M. Sc.)

Die Erhöhung der Energieeffizienz von Prozessen ist in der stoffwandelnden Industrie seit Jahrzehnten ein wesentlicher Bestandteil des verfahrenstechnischen Entwurfs und der Optimierung. Die Ergebnisse dieser Betrachtungen, ergänzt durch apparate- und anlagentechnische Maßnahmen, bilden die Grundlage für die Hebung und Realisierung von bisher nicht genutzten Potentialen zur Steigerung der Prozessintegrierten Energieeffizienz (PIE). Im Rahmen des Forschungsprojektes „Innovative Apparate- und Anlagenkonzepte zur Steigerung der Effizienz von Produktionsprozessen - InnovA²" sollen neue Wärmeübertragungskonzepte in Labor- und Technikumsexperimenten erarbeitet und anschließend in die industrielle Anwendung übertragen werden. Ergänzend sind die aufgezeigten Potentiale technologisch, wirtschaftlich und ökologisch zu bewerten, um so eine fundierte Grundlage für unternehmerische Investitionsentscheidungen zu erarbeiten.

Am ICTV erfolgt anhand von Benchmark–Prozessen die ökologische Bewertung der entwickelten Ansätze und Maßnahmen. Dabei steht die Weiterentwicklung von ökobilanziellen Bewertungsmethoden, speziell im Hinblick auf die Bewertung von Energieeinspar- und Energieeffizienzpotentialen, im Vordergrund. Die Betrachtungen werden für zwei typische Prozesse mit unterschiedlichen Anforderungen und Bearbeitungssituationen vorgenommen:

- Eine chemische Großproduktion in einer Einprodukt-Anlage,
- Die Herstellung feinchemischer oder pharmazeutischer Produkte in einer dafür charakteristischen Mehrprodukt-Anlage.

Ökobilanzierung

Eine Ökobilanz stellt ein Umweltprotokoll eines Produktes, einer Dienstleistung, eines Herstellungs- oder anderen Verfahrensprozess oder eines Produktionsstandortes dar. Ausgehend von konsistenten Massen- und Energiebilanzen werden potentielle Umweltauswirkungen ermittelt (siehe Abb. 4.34).

Für solche ökologischen Betrachtungen wird im ICTV die Software Umberto® eingesetzt, die von der ifu Hamburg GmbH und dem ifeu Heidelberg GmbH entwickelt wurde. Damit können Prozesse in Form von Stoffstromnetzen dargestellt werden. Diese dienen anschließend als Basis für die ökologische und ökonomische Betrachtung der Prozesse und werden häufig eingesetzt, um integrieret Ressourceneffizienzanalysen durchzuführen bzw. abzubilden.

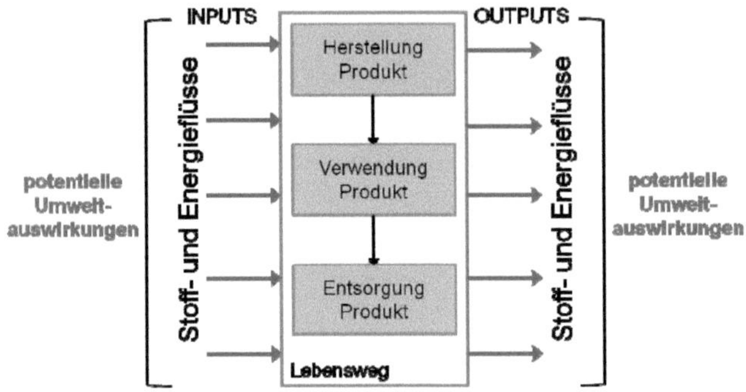

Abb. 4.34: Vorgehen beim Erstellen einer Ökobilanz

Bewertung eines Prozesses in einer Einprodukt-Anlage

Als Beispielprozess für diesen Projektteil dient die chemische Route der Ethanolsynthese, ausgehend vom Edukt Ethen. Dieser Prozess ist in der Literatur umfassend beschrieben und wurde im Rahmen des Projektes in Kooperation mit der LANXESS Deutschland GmbH mittels der Fließbildsimulatoren CHEMCAD (siehe Abb. 4.36) und Aspen+ abgebildet. Die Daten aus der Fließbildsimulation dienen als Grundlage für die Modellierung des Prozesses in Umberto®.

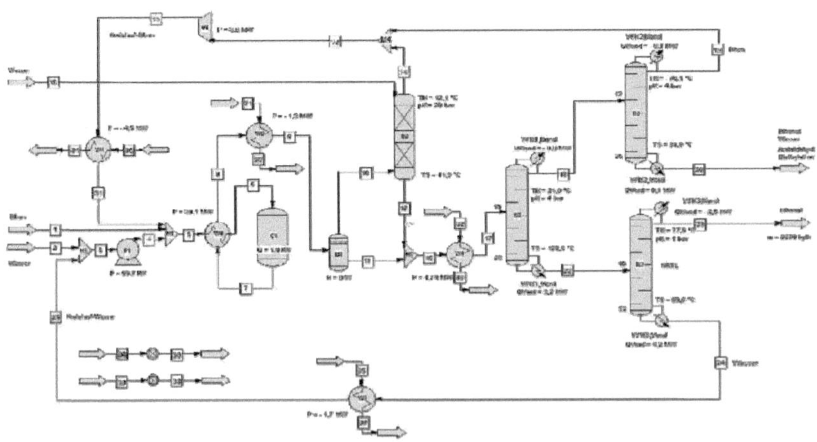

Abb. 4.35: Ethanolsyntheseprozess simuliert in CHEMCAD [Diplomarbeit *C. Weiland*, 2012]

Ziel ist es, bestehende ökologische Bewertungsmethoden speziell im Hinblick auf die Bewertung von Energieeinspar- und Energieeffizienzpotentialen weiterzuentwickeln. Auf Basis des Umberto®-Modells sollen Möglichkeiten untersucht werden, verschiedene Betriebsmittelqualitäten differenziert abzubilden und zu bewerten. Die entwickelte Methode soll ebenfalls große Temperaturdifferenzen bei Kühl- und Heizvorgängen innerhalb eines Prozesses visualisieren, um im Rahmen von ökologischen Betrachtungen auch Wärmeintegrationsanalysen durchführen zu können. Die Methodik soll standardisiert werden.

Bewertung eines Prozesses auf einer Mehrprodukt-Anlage

Anhand dieses Beispielprozesses soll in Zusammenarbeit mit der Fa. Merck KGaA Darmstadt eine Methode zur ökologischen Bewertungen von Prozessen in Mehrproduktanlagen entwickelt werden. In Mehrproduktanlagen werden verschiedene Produkte in einer Anlage produziert, wofür abhängig vom Produkt unterschiedliche Grundoperationen (Reaktion, Kühlen, Kristallisation usw.) zu einem Gesamtprozess zusammengestellt werden. Die Herausforderungen hier liegen zum Einen in der Modellierung der verschiedenen Prozesse, zum Anderen in der Zuordnung der ökologischen Aufwendungen für die Bereitstellung des Anlagenequipment zu den verschiedenen Produkten. Auch existieren in der Regel für die betrachteten Prozesse keine Vergleichsproduktionen, sodass zur Identifikation und Quantifizierung von Potentialen geeignete Referenzprozesse zu definieren sind.

Die Aufgabe besteht in der Untersuchung verschiedener Grundoperationen, die mittels einer ökologischen Bewertung analysiert werden sollen, um Verbesserungsmöglichkeiten, vor allem in Hinblick auf Energie- und Ressourceneffizienz, aufzuzeigen. Mögliche energieeffizienzsteigernde Maßnahmen bei Mehrproduktanlagen sind z. B. der Einsatz neuer Bauarten von Wärmeübertragern oder die Durchführung der Prozesse auf einem anderen Druck- oder Temperaturniveau. Ebenfalls Gegenstand des Forschungsprojektes ist die Überprüfung des Einflusses verschiedener Bilanzräume (Prozess, Werksgelände, Werksgrenzen überschreitend) auf die ökologische Bewertung.

Ziel ist es eine Basis zu schaffen, auf der unterschiedliche Apparatealternativen miteinander verglichen werden können. Es soll die Möglichkeit etabliert werden, bereits in frühen Phasen des Prozessentwurfs effiziente und umweltschonende Verfahrensvarianten zu identifizieren und weiterzuverfolgen.

Dieses Forschungsprojekt wird mit Mitteln des Bundesministeriums für Bildung und Forschung (BMBF) im Rahmen der Fördermaßnahme „Chemische Prozesse" gefördert und vom Projektträger im Deutschen Zentrum für Luft- und Raumfahrt (DLR), Bonn betreut.

4.2.5 Untersuchung des Benetzungsverhalten von Thermoblechfallfilmverdampfern

(Dipl.-Ing. Karl Siebeneck)

Fallfilmverdampfer werden in der Verfahrenstechnik häufig als medienschonende Wärmeübertrager und Verdampfer eingesetzt. Bei der Behandlung von thermisch sensiblen Produkten findet sie insbesondere in der Pharma-, Chemie- und Lebensmittelindustrie ein breites Anwendungsspektrum. Das zu verdampfende oder einzudampfende Produkt fließt schwerkraftgetrieben an der wärmeübertragenden Fläche, meist die Innenseite von Rohren, als dünner Film herab. Die Wärmezufuhr erfolgt bevorzugt mantelseitig mittels Heizdampf. Aufgrund der geringen Schichtdicke und vergleichsweise kurzen Verweilzeit des Produktfilms kann eine thermisch schonende Ein- oder Verdampfung mit geringer Überhitzung realisiert werden.

Als Thermobleche werden im Allgemeinen zwei Bleche bezeichnet, die durch Rollschweißnähte an der Außenkante vereinigt, in regelmäßigen Abständen durch Punktschweißung verbunden und unter erhöhtem Druck bis zur Kissenstruktur mit gewünschter Kanalweite aufgeweitet sind. Als Wärmeübertrager kann das Thermoblech in der Kälte- wie der Verdampfungstechnik eingesetzt werden. Als Kondensator besteht die Möglichkeit, innen- oder außenseitig zu kondensieren und den Prozess in Gegen- oder Gleichstrom auszuführen. Als Apparat werden die einzelnen Kissen oft als paralleles Paket in einem meist zylindrischen Mantel-eingesetzt. Der Abstand zwischen den Thermoblechen kann in weiten Grenzen frei gewählt werden, so dass eine sehr druckverlustarme Strömungsführung erreicht werden kann, was den Einsatz bei niedrigen Drücken erlaubt. Zudem weisen diese Apparate ein sehr gutes Wärmeübertragungsverhalten und geringe flächenspezifische Kosten auf. Damit sind geringere spezifische Investitionen gegenüber konventionellen Rohrbündelverdampfern bei derselben Verfahrensaufgabe möglich. Daher erscheinen Thermobleche besonders vielversprechend zur Steigerung der Energieeffizienz in Kondensatoren und Fallfilmverdampfern.

Fluiddynamik

Bisherige Untersuchungen an Thermoblechkissen wurden vor allem von *Mitrovic und Mitarbeitern* durchgeführt. Diese untersuchten hauptsächlich die Kondensation auf der Plattenaußenseite, wobei ein geschlossener Flüssigkeitsfilm auf der Kondensationsfläche als nachteilig bewertet wurde. Angestrebt waren eher eine schlechte Benetzung und das rasche Abfließen des Kondensatfilms zur Verbesserung des Wärmeübergangs und damit der Kondensationsrate. Bei der Verdampfung an der Außenseite gilt der umgekehrte Fall. Die Erzeugung und Aufrechterhaltung eines geschlossenen Flüssigkeitsfilms auf der wärmeübertragenden Fläche nutzt die zur Verfügung stehende Fläche effizienter.

Bisher liegen keine Veröffentlichungen zur Fluiddynamik geschlossener Flüssigkeitsfilme auf Thermoblechkissen vor. Am ICTV wurde daher eine Fluiddynamikanlage aufgebaut (siehe Abb. 3.36). In dieser werden an einem einzelnen Thermoblechkissen (b x l = 407 x 1000 mm) Rieselfilme hinsichtlich ihres Benetzungsverhaltens und der Filmdicke sowie Flüssigkeitsaufgabesysteme bezüglich der Gewährleistung einer gleichmäßigen und konstanten Filmaufgabe untersucht.

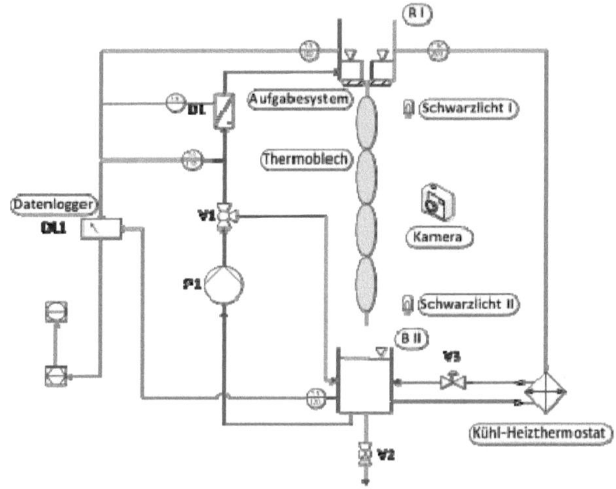

Abb. 4.36: Anlage zu fluiddynamischen Untersuchung von Rieselfilmen

Hierzu wird eine Wasser-Fluoreszein-Lösung aus dem Auffangbehälter BII über die Zahnradpumpe P1 durch den Coriolis-Massendurchflussmesser in das Aufgabesystem BI geleitet und auf der Außenseite des Thermoblechs als dünner Flüssigkeitsfilm aufgegeben. Mit zwei UV-Röhren wird die Lösung zum Leuchten angeregt. Zur Bestimmung des Benetzungszustandes ist eine Kamera an einem fixen Punkt positioniert. Mit Hilfe eines Kühl-/Heizthermostaten kann die Temperatur des Fluids geregelt und konstant gehalten werden.

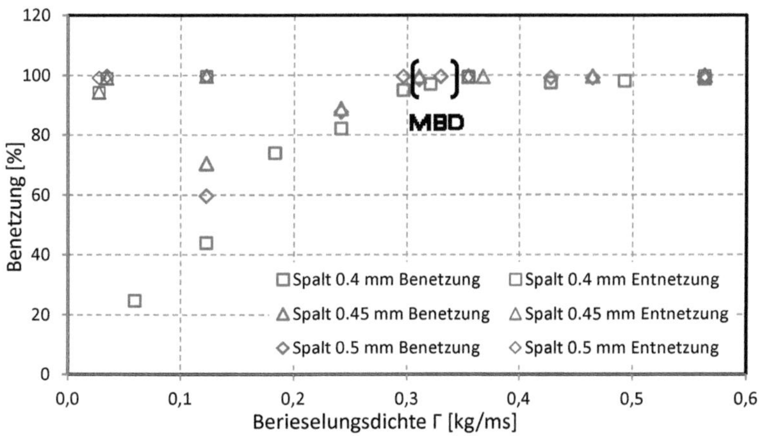

Abb. 4.37: Ermittlung der Mindestberieselungsdichte

Die Mindestberieselungsdichte (MBD) ist der Massenstrom bezogen auf die zu benetzende Länge, der benötigt wird, um eine komplette Flüssigkeitsbenetzung der wärmeübertragenden Fläche zu gewährleisten und aufrecht zu erhalten. Hierzu wurden Be- und Entnetzungsversuche durchgeführt, siehe Abb. 4.37. Bei unterschiedlichen Spalteinstellungen von 0,4 – 0,5 mm am Einlauf wird die Berieselungsdichte bei den Benetzungsversuchen gesteigert, wodurch das Thermoblech zunehmend benetzt wird, bis dieses bei einer Berieselungsdichte von $\dot{\Gamma}$ = 0,32 - 0,36 kg m^{-1} s^{-1} vollständig benetzt. Bei den Entnetzungsversuchen wird die Berieselungsdichte ausgehend von dem maximalen Wert verringert. Dabei bleibt das Thermoblech bis zu einer Berieselungsdichte von $\dot{\Gamma}$ = 0,028 kg m^{-1} s^{-1} komplett benetzt. Die Be- und Entnetzungskurven zeigen eine Hysterese, welche aus der Überwindung der Oberflächenspannung bei der Benetzung resultiert. Ist diese örtlich auf dem Thermoblech noch nicht überwunden, bilden sich Strähnen und trockene Stellen, die nicht benetzt sind. Wird die Oberflächenspannung bei der Benetzung auf dem gesamten Thermoblech einmal überwunden, ist die Platte vollkommen benetzt und bleibt es auch mit sinkender Berieselungsdichte. Der Schnittpunkt der Benetzungs- mit der Entnetzungskurve bildet die Mindestberieselungsdichte, welche im Diagramm durch „MBD" gekennzeichnet ist. Dabei war die Mindestberieselungsdichte unabhängig von den untersuchten Spaltweiten. Weitere Messungen mit unterschiedlichen Stoffsystemen und Betriebsbedingungen sollen eine breite Datenbasis auch für kleine Film-Reynoldszahlen schaffen.

Im weiteren Verlauf ist die Entwicklung eines Verfahrens zur Messung der lokalen und mittleren Filmdicken geplant. Hiermit sollen Erkenntnisse über das fluiddynamische Verhalten der Platten auch für verschiedene Aufgabesysteme gewonnen werden.

4.2.6 IntegrierteRessourceneffizienzanalyse zur Reduzierung der Klimabelastung von Produktionsstandorten der chemischen Industrie - InReff

(Mandy Wesche, M. Sc.)

Für die Verminderung produktionsbedingter Treibhausgasemissionen genügt es in der Regel nicht, ausschließlich die direkten Emissionen und den unmittelbaren Energieverbrauch eines Produktionssystems oder Verfahrens zu betrachten. Vor allem in der materialintensiven chemischen Industrie muss die Klimawirksamkeit der eingesetzter Rohstoffe sowie die Komplexität der stellenweise stark vernetzten Produktionsanlagen bei der Systemoptimierung berücksichtigt werden. Hierbei berühren sich verfahrenstechnische, ökobilanzielle, ökonomische und optimierungsorientierte Ansätze. Für den Anwender, insbesondere in kleinen und mittleren Unternehmen, ist die Berücksichtigung dieser Zusammenhänge sowie die Bewertung und Auswahl geeigneter Analyse- und Planungstechniken nicht trivial, zumal geeignete Schnittstellen zwischen den jeweiligen Methoden und Software-Tools oftmals fehlen. Das bedeutet im Umkehrschluss, dass eine Verknüpfung der verschiedenen Methoden wesentlich zur Steigerung der Ressourceneffizienz und zur Reduzierung der Treibhausgasemissionen beitragen kann.

In Zusammenarbeit mit der ifu Institut für Umweltinformatik Hamburg GmbH, dem Institut für Industrial Ecology (Hochschule Pforzheim) und den Industriepartnern H.C. Starck GmbH und Sachtleben Chemie GmbH wird im Forschungsprojekt *InReff* das Ziel verfolgt, in der chemischen Industrie etablierte Methoden der Verfahrensentwicklung und -planung, wie z. B. Fließbildsimulation (FBS), Wärmeintegrationsanalyse, Stoffstromanalyse, Material Flow Cost Accounting (MFCA) und Life Cycle Assessment (LCA), im Sinne einer kohärenten Vorgehensweise zu kombinieren und durch eine IT-basierte Werkzeugumgebung für integrierte Ressourceneffizienzanalysen zu unterstützen. Involviert sind außerdem als assoziierten Partner die Wacker Chemie AG und die BASF SE.

Das ICTV führt im Rahmen des Projektes folgende Untersuchungen durch bzw. unterstützt dabei:

- Methodenentwicklung zur Integration von Ergebnissen aus der Fließbildsimulation und von Strategien zur Wärmeintegration
- Abbildung von Fallbeispielen als Basis für die Identifikationen von Maßnahmen im Rahmen der integrierten Ressourceneffizienzanalyse

Methodenentwicklung

Im ersten Schritt soll eine geeignete Schnittstelle zwischen dem Fließbildsimulator CHEMCAD und der Stoffstrommodellierungssoftware Umberto® definiert werden. Dazu wird am Beispiel der Dampferzeugung bei der Firma H.C. Starck der bidirektionale Datentransfer zwischen beiden Werkzeugen untersucht.

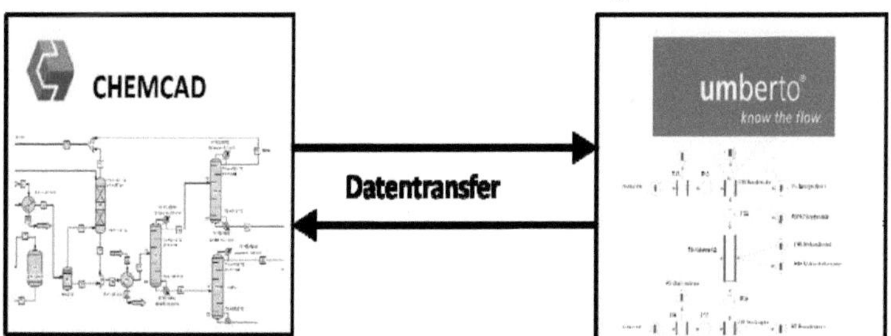

Abb. 4.38: Datentransfer zwischen CHEMCAD und Umberto®

Dabei steht die Identifikation eines Minimaldatensatzes für eine möglichst detaillierte Darstellung des Prozesses und die Erarbeitung eines entsprechenden Konzeptes zur Datenintegration im Vordergrund. Dieses Konzept soll im nächsten Schritt durch die zusätzliche Berücksichtigung von Daten aus Wärmeintegrationsanalysen erweitert werden.

Im Rahmen dieser Untersuchungen wird von je einem Beispielprozess der beteiligten Industriepartner eine Fließbildsimulation mit der Software CHEMCAD für thermodynamische Betrachtungen und ein Stoffstromnetzmodell für ökonomische und ökologische Betrachtungen in Umberto® erstellt. Bei den betrachteten Prozessen handelt es sich um eine Hartmetallprozesskette der H.C. Starck GmbH und den Prozessverbund zur Bariumsulfat- und Zinksulfid-Herstellung der Sachtleben Chemie GmbH. Es sollen die Anforderungen an die Schnittstelle zwischen FBS und Stoffstrommodellen herausgearbeitet und ein prototypisches Beispiel umgesetzt werden. Ziel ist es, den Datentransfer zwischen den verschiedenen Softwarewerkzeugen in der Verfahrensentwicklung zu vereinfachen.

Auf Basis der Information aus den Ergebnissen der Fließbildsimulation und den Analysen der Materialstrommodellierung sollen im Anschluss energetische und stoffliche Schwachstellen in den Beispielprozessen erkannt und damit Potenziale zur Steigerung der Ressourceneffizienz identifiziert werden. Diese sollen ökologisch sowie unter betriebswirtschaftlichen Gesichtspunkten bewertet werden. Im Anschluss daran gilt es, verfahrenstechnische Lösungskonzepte zur Hebung der Potenziale in den Beispielprozessen zu erstellen. Basierend darauf können beide Industriepartner entsprechende Maßnahmen einleiten, mit denen der Material- und Energieverbrauch sowie die damit einhergehenden Treibhausgasemissionen reduziert werden können.

Dieses Forschungsprojekt wird mit Mitteln des Bundesministeriums für Bildung und Forschung (BMBF) im Rahmen der Fördermaßnahme „Technologien für Nachhaltigkeit und Klimaschutz – Chemische Prozesse" gefördert und vom Projektträger im Deutschen Zentrum für Luft- und Raumfahrt (DLR), Bonn betreut.

4.2.7 Rückgewinnung von Elektrolytlösungsmitteln aus Lithium-Ionen-Batterien

(Dipl.-Ing. Christian Bradtmöller)

Ziel des Projektes ist eine Betrachtung der gesamten Prozesskette des Recyclings zur Rückgewinnung der in den Batterien enthaltenen Metalle, Übergangsmetalle, Elektrolyte und deren Inhaltsstoffe. Zu diesem Zweck arbeiten zwölf Unternehmen, fünf Institute der TU Braunschweig und ein Institut der Westfälischen Wilhelms-Universität Münster zusammen, um den Gesamtprozess verfahrenstechnisch auszuarbeiten und in einer Pilotanlage zu realisieren.

Da im Rahmen der Elektromobilität eine starke Zunahme der Nutzung von Lithium-Ionen-Batterien zu erwarten ist, stellt sich aus ökonomischen wie ökologischen Motiven die Frage, welche Teile einer Batterie recycelt werden können. Als Stand der Technik kann die Wiedergewinnung von enthaltenen Metallen wie Kupfer und Aluminium sowie der Kunststoffe angesehen werden. Ob auch die in den Elektroden enthaltenen Übergangsmetalle wie Kobalt, Nickel und Mangan etwa in Hochofenprozessen zurückgewonnen werden können, wurde bereits in anderen Projekten untersucht. Dabei gehen aber nicht nur Lithium und Aluminium größtenteils verloren, sondern auch die im Elektrolyt enthaltenen organischen Lösungsmittel Ethylencarbonat (EC) und Dimethylcarbonat (DMC) und der Ladungsträger Lithiumhexafluorophophat ($LiPF_6$) verloren. Im Rahmen von LithoRec II wird daher ein Prozess ausgearbeitet, der mit der Sammlung der Batterien beginnt, den Elektrolyt verfügbar machen soll und in einer hydrometallurgischen Gewinnung von Lithium und Übergangsmetallen endet. Den Aspekten des Prozesses, die am ICTV untersucht werden, sind die Sammlung, Entladung und Demontage der Batterien bis auf Zellebene sowie die Zerkleinerung der Batteriezellen vorgelagert. Am ICTV werden die Extraktion von EC und $LiPF_6$ aus der Beschichtung der Elektroden, die Wiedergewinnung der Lösungsmittel aus anfallenden Gasströmen und in Zusammenarbeit mit Industriepartnern die Aufarbeitung der Lösungsmittelgemische mittels Rektifikation untersucht. Im Anschluss finden die Auftrennung verschiedener Folien, des Aktivmaterials und die hydrometallurgische Wiedergewinnung von Lithium und anderen Metallen statt. Wesentliches Merkmal ist dabei die Komplexität des Prozesses. Es gilt basierend auf verfahrenstechnisch sinnvollen Betriebsweisen der Einzelschritte ein Optimum des gesamten Recyclingprozesses zu finden.

Extraktion von Elektrolytbestandteilen

Ziel der Extraktion ist es, aus der Beschichtung der Elektroden, die aus kompaktierten Partikeln des Aktivmaterials, Ruß und Graphit besteht, den im Porensystem gebundenen Elektrolyten und somit die Zielkomponenten Ethylencarbonat und $LiPF_6$ verfügbar zu machen. Problematisch sind hier die geringe Schüttdichte der zerkleinerten Zellen sowie die stoffliche Heterogenität des Festmaterials, die besondere Anforderungen an die apparative Ausführung der Extraktion stellen. Ebenso hat die Prozessführung Auswirkungen auf den apparativen und energetischen Aufwand bei der nachfolgenden rektifikativen Auftrennung.

Lösungsmittelrückgewinnung mittels Adsorption/Desorption

In der Prozesskette fallen lösungsmittelbeladene Gasströme an, für welche eine geeignete Reinigungstechnologie ausgearbeitet werden muss. Als erster Ansatz soll eine Kombination aus Kondensation und Ad-/Desorption untersucht werden. Dabei ist auch zu prüfen, in wie fern eine Rückgewinnung der Lösungsmittel aus dem Kondensat und Desorbat wirtschaftlich und ökologisch vorteilhaft ist.

Rektifikation der Lösungsmittelgemische

Die aus dem Gasstrom abgetrennten Lösungsmittel zusammen mit dem Extrakt aus den zerkleinerten Zellen müssen anschließend wieder in die reinen Komponenten aufgetrennt werden. Hierfür soll eine Rektifikation zum Einsatz kommen, wobei gleichzeitig ein $LiPF_6$-reicher Strom zu Rückgewinnung des Leitsalzes ausgeschleust werden soll.

Das Projekt wird vom Bundesministerium für Umwelt, Naturschutz und Reaktorsicherheit gefördert.

4.3 Mikroverfahrenstechnik

4.3.1 Vom Batch zur Kontifertigung: Neue Prozessfenster und Fertigungsstrategien durch Mikroproduktionstechnologie

(Dipl.-Ing. Laura Grundemann)

Batchprozesse überwiegen in der Spezial- und Feinchemie, da sie eine hohe Flexibilität aufweisen und mit geringen Herstellkosten für die in diesen Branchen typischen Produktionsmengen einhergehen. In Batchkesseln sind jedoch Wärme- und Stofftransportprozesse durch die langen Transportwege limitiert. Dies resultiert in langen Prozesszeiten sowie inhomogenen Konzentrations- und/oder Temperaturverteilungen, welche wiederum Qualitätsschwankungen von Batch zu Batch sowie hohe Energiekosten nach sich ziehen. Da die meisten Batchanlagen zudem als Multiproduktanlagen eingesetzt werden, ist ein Reinigungszyklus nach jedem Produktionsdurchgang von Nöten. Dies führt zu einem hohen spezifischen Reinigungsmittelbedarf.

Eine Alternative zur diskontinuierlichen Betriebsweise stellt die kontinuierliche Kampagnenfertigung dar. Dabei wird über eine vorher definierte Kampagnenlänge ein bestimmtes Produkt hergestellt. Anschließend wird ein Produktwechselschritt eingeleitet, während dessen die Anlage gereinigt, ggf. sterilisiert und für den nächsten Durchgang vorbereitet wird. Zur Intensivierung der einzelnen Prozessschritte können mikro- und millistrukturierte Komponenten beitragen. Aufgrund der Neuheit der Technologie werden bislang zumeist bestehende Batch in Mikro-/Milli-Kontiprozesse überführt. Während der Entwicklung des Neuverfahrens ist es jedoch wichtig, die bisherigen Prozessschritte und Betriebsbedingungen dahingehend zu überprüfen, ob sie noch valide sind oder ob sich neue, vorteilhaftere Prozessfenster realisieren lassen.

Am Beispiel von Schreibfarben wurde ein Batchprozess in eine kontinuierliche Kampagnenfertigung mittels mikro- und millistrukturierter Komponenten überführt. Eine Rezepturadaption erlaubt, auf lange Heizvorgänge während der Erstellung von Vormischungen zu verzichten. Zudem reduziert sich die zur Reaktion benötigte Verweilzeit im kontinuierlich durchflossenen Kapillarreaktor im Vergleich zum Batchkessel um mehr als 99 %. Beides trägt zu einer Absenkung des spezifischen Energiebedarfs bei. Gleichzeitig haben die Untersuchungen an der Laboranlage gezeigt, dass die Reinigungsmittelmenge bei einer Verfahrensumstellung gesenkt werden kann. Jedoch ist die kontinuierliche Kampagnenfertigung mit einem höheren Apparate- und Komponentenbedarf verbunden als das chargenweise Verfahren. Daraus resultieren ein hohes Umweltwirkungspotential während der Herstellung der entsprechenden Komponenten sowie hohe Anschaffungskosten.

Ob und inwiefern das neu entwickelte Verfahren ökologisch und ökonomisch vorteilhaft gegenüber dem traditionellen Batchverfahren ist, wurde daher im Rahmen einer ökologischen und ökonomischen Prozessbewertung untersucht. Dabei umfassten die Systemgrenzen die Vorketten der Komponenten und Betriebsstoffe, den eigentlichen Farbherstellungsprozess sowie die Entsorgungsstufen. Zur Stoffstrommodellierung der beiden betrachteten Verfahrensalternativen wurde das Programm Umberto® der ifu Hamburg GmbH eingesetzt. Die obere Modellebene des diskontinuierlichen Prozesses ist beispielhaft in Abb. 4.39 dargestellt. In der darunter liegenden Ebene findet sich die Abbildung des Farbherstellungsprozesses selbst. Die Vorketten und Entsorgungsstufen wurden über Datensätze der ecoinvent-Datenbank eingebunden. Zur Abschätzung der mit den beiden Verfahrensalternativen verbundenen potentiellen Umweltwirkungen wurde die CML 2001- Methode angewendet.

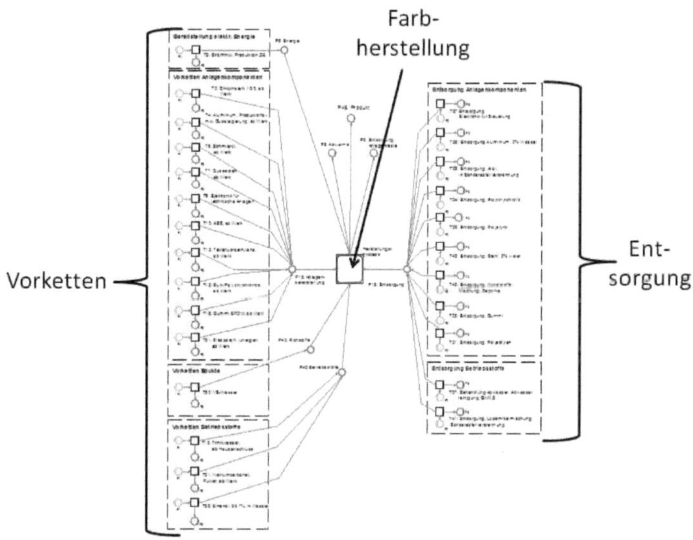

Abb. 4.39: Obere Ebene des in Umberto® aufgesetzten Stoffstrommodells für das diskontinuierliche Produktionsverfahren von Schreibfarben

Die Bilanzdaten aus dem Stoffstrommodell dienten außerdem als Basis für die ökonomische Bewertung. So wurden die Stoff- und Energiemengen in beiden Fällen mit Kostensätzen verknüpft. Zudem wurden die Anschaffungs- und Anschaffungsnebenkosten, wie Bau und Montage der Anlagen, sowie die Personalkosten bestimmt. Zur ökonomischen Bewertung wurden schließlich die jährlichen Herstellkosten sowie die Amortisationszeit einer Neuanschaffung als auch einer Ersatzinvestition herangezogen.

Die Untersuchungen haben gezeigt, dass die kontinuierliche Kampagenfertigung von Schreibfarben sowohl ökologisch als auch ökonomisch vorteilhaft ist. Bei beiden Bewertungsebenen wurden zudem Sensitivitätsanalysen durchgeführt, um die Auswirkungen von Änderungen einiger während der Modellierung und Bilanzierung getroffenen Annahmen auf die Bewertung zu überprüfen. Auf diese Weise konnten zusätzliche Hinweise zur Gestaltung einer kontinuierlichen Kampagnenfertigung gewonnen werden.

Das Projekt wurde gefördert von der Deutschen Bundesstiftung Umwelt (DBU) und in Zusammenarbeit mit der Firma Pelikan Produktionsgesellschaft mbH & Co. KG durchgeführt.

4.3.2 Umstellung von batchweise auf kontinuierliche Fertigung unter Nutzung mikroverfahrenstechnischer Komponenten

(Dipl.-Ing. Martin Schoenitz)

Die Gestaltung energieeffizienter Prozesse stellt in allen Bereichen der stoffwandelnden Industrie einen wesentlichen Beitrag für eine nachhaltige und umweltschonende Produktion am Standort Deutschland dar. Dies drückt sich z. B. in dem seit nunmehr zwei Jahrzehnten stetig sinkenden spezifischen Energieverbrauch aller Produktionen der chemischen Industrie aus. Verglichen mit dem Referenzjahr 1990 stieg die Produktion bis 2008 um 58%, während im selben Zeitraum der Energieverbrauch um 18% und resultierend daraus die Emission von Treibhausgasen um 37% sanken. Im Vergleich zur mittleren Produktionssteigerung von 28% und einer CO_2-Einsparung von 20% der energieintensiven Industrien in Deutschland (Baustoffe, Chemie, Glas, NE-Metalle, Papier und Stahl) nimmt die Chemie damit eine führende Rolle ein. Einen wesentlichen Beitrag dazu leisten Wärmeintegrationsmaßnahmen, d. h. die prozessinterne oder auch prozessübergreifende, standortinterne Nutzung von Wärmeangeboten an Verfahrensstellen mit Wärmebedarf. Die meisten Produkte, darunter Feinchemikalien, Aroma-, Effekt- und pharmazeutische Wirkstoffe, werden diskontinuierlich oder semikontinuierlich hergestellt, d.h. die einzelnen Prozessstufen werden zeitlich hintereinander durchlaufen. Dies geschieht oft im selben Apparat, die vielfach als mantelthermostatisierte Rührkessel ausgeführt sind. Nachteilig wirkt sich bei diesen Prozessen der häufig apparativ bedingte hohe Energieeintrag zur Vermischung, Erwärmung und Reaktion aus. Eine Rückgewinnung des Energieeintrags durch Wärmeintegrationsmaßnahmen würde den Einsatz von Wärmespeichern erfordern, da Heiz- und Kühlbedarfe zu unterschiedlichen Zeiten anfallen und damit nicht direkt wärmeintegriert werden können. Dies ist meist nicht wirtschaftlich, so dass Energieeffizienzpotentiale nicht erschlossen werden. Zugleich erfordert die diskontinuierliche Betriebsweise zahlreiche Reinigungs- und Spülschritte, um bei Produktwechsel oder nachfolgenden Prozessstufen in demselben Apparat eine Kreuzkontamination auszuschließen. Dabei, sowie zur Vorlösung von pulverförmigen Einsatzstoffen oder bei Produktreinigungsschritten, fallen große Mengen Wasser und Betriebsmittel an, die umweltgerecht zu entsorgen und oft mit Produktverlusten verbunden sind. Diesen Nachteilen kann durch die Umstellung der Verfahren auf eine kontinuierliche Betriebsweise begegnet werden. Bei einer Vielzahl von Prozessen können dadurch Verbesserungen erwartet werden, wie z. B.

- Wärmeintegrationsmaßnahmen zur Senkung des externen Energiebedarfs,
- Verminderung von Spülströmen durch geringeres internes Anlagenvolumen,

- Reduzierung von Reinigungsagenzien und -aufwand durch Kampagnenproduktion.

Allerdings werden die oben genannten Potentiale der Umstellung von Batch- auf kontinuierliche Fertigung bisher noch nicht befriedigend erschlossen. Vor allem große Unternehmen haben dies für ihr Produktportfolio bereits untersucht und teilweise umgesetzt. Gerade kleine und mittelständische Unternehmen (KMU) fertigen jedoch viele Produkte diskontinuierlich oder halbkontinuierlich, die gut für eine kontinuierliche Fahrweise geeignet wären. Zudem weisen diese diskontinuierlichen Prozesse, die zumeist ohne Zwischenspeicher bzw. mit nicht optimaler Temperaturführung durchgeführt werden, ein hohes Potential für Energieeinsparungen auf. Der Wunsch nach neuen Produkten, eine steigende Nachfrage sowie der sich ständig verschärfende Konkurrenzdruck ausländischer Billiganbieter erfordern eine kostengünstigere und bzgl. Energie und Materialeinsatz nachhaltige Produktion. In diesem Projekt soll anhand von zwei Beispielprozessen gezeigt werden, dass die Umstellung auf eine kontinuierliche Produktion zu Energieeinsparungen, zu einer Kostenreduktion und so zur Stärkung der Wettbewerbsfähigkeit führen kann. Die Beispielprozesse werden von den industriellen Projektpartnern derzeit als Batch- bzw. teilkontinuierliche Prozesse ausgeübt. Sie repräsentieren typische und zugleich für eine kontinuierliche Verfahrensweise besonders herausfordernde stoffliche Bedingungen: hochviskose, schäumende und feststoffhaltige Einsatzströme. Gerade solche Bedingungen stellen oft ein Innovationshemmnis für die Einführung kontinuierlicher mikroverfahrenstechnischer Produktionsprozesse dar und werden daher hier gezielt adressiert.

Kontinuierliche Herstellung einer Bindemittelemulsion bei der Auro Pflanzenchemie AG

Abb. 4.40:
Bei der Auro Pflanzenchemie AG betriebener Batchkessel zur Bindemittelemulsionherstellung

Die Fa. Auro Pflanzenchemie AG, Braunschweig, stellt Beschichtungs- und Reinigungsmittel auf Basis pflanzlicher Rohstoffe her. Hier wird die Übertragung eines bisherigen Batchverfahrens zur Herstellung von Bindemittelemulsionen betrachtet. Eine besondere Herausforderung stellt dabei das Mischen und Emulgieren von hochviskosen Edukten bzw. Produkten in mini- und mikroverfahrenstechnischen Apparaten dar. Diese Edukte werden bisher batchweise unter hohem Energieaufwand mittels eines Dissolvers in Wasser dispergiert. Energieeinsparpotentiale ergeben sich durch den Einsatz von mikroverfahrenstechnischen Komponenten außerdem bei der Erwärmung der Edukte sowie bei der Bereitstellung von heißem Reinigungswasser. Zudem wird eine deutliche Reduktion der benötigten Reinigungsmittelmenge zur Anlagenspülung angestrebt.

Kontinuierliche Aufreinigung von Aminosäuren bei der Amino GmbH

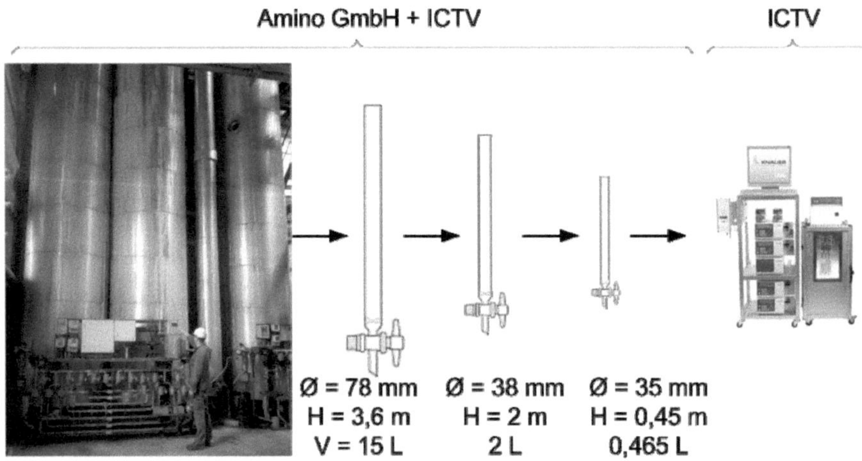

Abb. 4.41: Scale-Down Stufen für die Modellierung der Chromatographie bei der Amino GmbH (Mitte), Aktuell genutzte Chromatographiesäule (links), SMB-System der Firma Knauer (rechts)

Der zweite betrachtete Prozess wird durch die Fa. Amino GmbH, Frellstedt, betrieben. Diese produziert hochreine Aminosäuren für die Pharmaindustrie. Die aus einer Fermentation gewonnene Rohaminosäure wird zunächst diskontinuierlich gelöst, anschließend filtriert und gelangt danach in eine semikontinuierliche Single-Column-Chromatographie. Zur Erhaltung einer Sterilbarriere werden alle Prozessschritte bei erhöhter Temperatur durchgeführt. Nachteilig sind hierbei der Anfall sehr großer Eluentmengen, die große Verdünnung der gereinigten Aminosäure, was einen erhöhten Energieeinsatz in der nachfolgenden Verdampfungskristallisation erfordert, sowie die nicht mögliche bzw. nicht wirtschaftliche Wärmeintegration. In dem Projekt sollen daher die Schritte Lösen und Chromatographie kontinuierlich ausgeführt werden, letztere als Simulated-Moving-Bed-Chromatographie. Dadurch können Lösemittel- und Eluentströme deutlich reduziert werden, eine Wärmeintegration wird möglich und eine bessere Temperaturführung vermindert die thermische Belastung der Aminosäuren, was zu einer gesteigerten Produktqualität führt.

Das Verbundprojekt „Steigerung der Energieeffizienz von Produktionsprozessen durch Umstellung von batchweiser auf kontinuierliche Fertigung unter Nutzung mini- und mikroverfahrenstechnischer Komponenten μKontE" wird vom Bundesministerium für Wirtschaft und Technologie im Rahmen der Fördermaßnahme „Energieeffizienz in der Industrie" gefördert.

4.4 Biotechnologische und pharmazeutische Verfahren

4.4.1 Integration von Reaktion und Produktabtrennung für trienzymatisch katalysierte Synthesen hochwertiger Oligosaccharide aus Saccharose

(Dipl.-Biotechnol. Thomas Waluga)

Kohlenhydrate stellen die größte Menge an Biomasse auf der Erde dar und können als kostengünstige und ökologisch sinnvolle Quelle sowohl für Massenprodukte wie beispielsweise biogene Kraftstoffe, als auch für Feinchemikalien, pharmazeutische Wirkstoffe und ebenso Nahrungsmittelergänzungen dienen. Das β-(1-3) verknüpfte Disaccharid Laminaribiose ist aufgrund seiner anticancerogenen Aktivität ein sehr interessanter Vertreter dieser Stoffklassen und kann beispielweise als „building block" für neue Pharmazeutika genutzt werden. In diesem Forschungsprojekt wird die trienzymatisch katalysierte Synthese von Laminaribiose aus Saccharose untersucht. Da Laminaribiose im Reaktionssystem als Intermediat vorliegt und das thermodynamische Gleichgewicht der trienzymatischen Synthese die Bildung von Laminaribiose nicht bevorzugt, wird durch eine reaktionsintegrierte Adsorption eine Produktsenke generiert und das Zielprodukt direkt im Bioreaktor gewonnen. Neben der Produktgewinnung werden im Rahmen des Projektes auf Basis des genannten, modellhaften biochemischen Reaktionssystem Gestaltungsregeln für Prozesse mit mehrenzymatischer Biokatalyse bei reaktionsintegrierter Produktgewinnung entworfen. Hierfür werden alle Teilschritte einzeln untersucht, modelliert und zu einem Gesamtmodell zusammengefügt.

Um die Standzeit der Enzyme im Bioreaktor zu erhöhen werden diese in einer Chitosan-Polyphosphat-Matrix immobilisiert. Für ein sinnvolles Prozessdesign müssen die Stofftransporteigenschaften der Substrate und Produkte durch die Matrix bekannt sein und ggf. durch eine geeignete Formulierung der Matrix optimiert werden. Die Bestimmung des Stofftransports erfolgt sowohl in einer Diffusionsmesszelle als auch parallel dazu durch Effusionsexperimente mit Perlen. Dabei zeigt sich eine grundsätzliche Vergleichbarkeit der Ergebnisse, wobei jedoch die Effusionsmessungen aufgrund der nicht-idealen Kugelform realer Perlen eine deutlich größere Streuung der Messwerte aufweisen. In Tab. 4.2 sind beispielhaft die Diffusionskoeffizienten verschiedener Zucker in einer 2%-Chitosanmatrix bei T = 25°C und T = 40°C angeführt, welche in einer Diffusionsmesszelle ermittelt wurden. Bei 25°C entsprechen die Koeffizienten in der Matrix etwa einem Drittel des freien Diffusionskoeffizienten. Bei einer Temperaturerhöhung auf 40°C sinkt die Diffusion in der Matrix auf ein Viertel der freien Diffusion.

Tab. 4.2: Diffusionskoeffizienten verschiedener Zucker in einer 2%-Chitosanmatrix bei T = 25°C und 40°C

Zucker	D_{25} [10^{-10} m^2 s^{-1}]	D_{40} [10^{-10} m^2 s^{-1}]	D_{25} / $D_{25,H2O}$ [-]	D_{40} / $D_{40,H2O}$ [-]
Fruktose	2,27	2,38	0,33	0,26
Glukose	2,15	2,21	0,32	0,25
Saccharose	1,67	1,66	0,33	0,23

Weiterhin zeigt sich, dass der Chitosananteil einen großen Einfluss auf die Diffusionskoeffizienten hat. So steigt der Diffusionskoeffizient in einer 1,5%igen Chitosanmatrix bei 25°C auf die Hälfte des freien Diffusionskoeffizienten. Im betrachteten Wertebereich konnte kein signifikanter Einfluss der Polyphosphatkonzentration sowie des pH-Wertes dieser Komplexierungslösung auf die Diffusion nachgewiesen werden.

Die Produktgewinnung erfolgt reaktionsintegriert mittels Adsorption. Zunächst wurden verschiedene BEA-Zeolithe auf ihre Affinität zur Laminaribiose im Vergleich zu den vorliegenden Reaktanden untersucht. Dabei zeigte sich, dass der BEA 50 Zeolith die besten Adsorptionseigenschaften aufweist. Abbildung 4.42 zeigt Adsorptionsisothermen für Laminaribiose sowie Glukose und Fruktose. Diese lassen sich mit der Gleichung nach Langmuir beschreiben. Die entsprechenden Parameter sind in Tab. 4.3 dargestellt.

Zucker	b_i [L g^{-1}]	$q_{i,max}$ [mg g^{-1}]
Laminaribiose	0,0494	100,54
Fruktose	0,0168	61,54
Glukose	0,0050	136,04

Tab. 4.3: Langmuir-Parameter und Sättigungsbeladungen von Fruktose, Glukose und Laminaribiose am Zeolithen BEA 50 bei 42°C in Sörensenpuffer, pH 7.

Abb. 4.42: Adsorptionsisothermen von Fruktose, Glukose und Laminaribiose bei 42°C in Sörensenpuffer, pH 7. Linien stellen Langmuirisothermen dar.

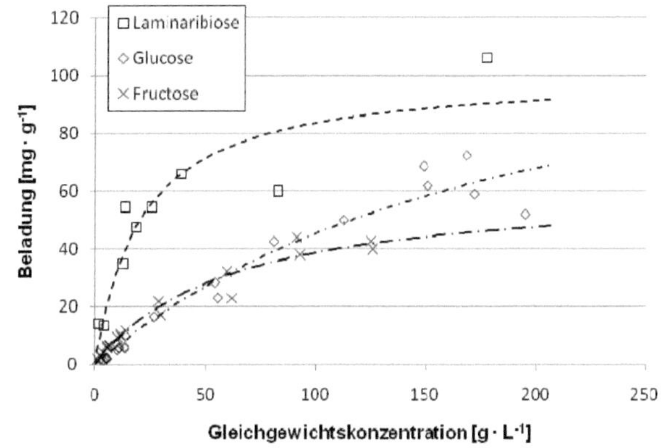

Abb. 4.43: Desorptionsverhalten und Hydrolyse von Lam nach 70 h in reinem Wasser bei T = 70°C bzw. 57°C. Verdrängungs-desorption bei T = 57°C mit 5 wt-% Ethanol

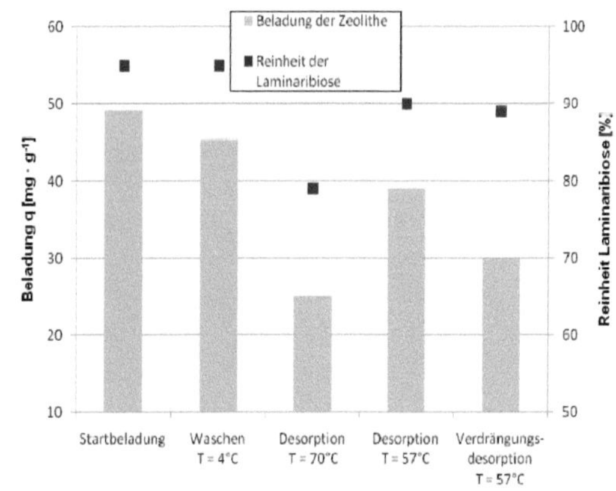

Für das Substrat Saccharose sowie Glukose-1-Phosphat wurde keine Adsorption am Zeolithen nachgewiesen. Dieses Ergebnis ist in der Literatur beschrieben und wird auf die α-Bindung am C_1-Atom des Glukoserings zurückgeführt.

Nach Ausschleusung der beladenen Zeolithe aus dem Reaktor muss eine Desorption durchgeführt werden. Eine kurze Waschung bei 4°C leitet keine nennenswerte Desorption ein, wie in Abb. 4.43 dargestellt. Anschließend erfolgt eine thermische Desorption, welche zur Gewinnung von adsorbierten Zuckern etabliert ist. Eine Desorptionstemperatur von 70°C führt allerdings zur Hydrolyse der Laminaribiose. So entstehen Abbauprodukte (u. a. Glukose), welche die Reinheit und Ausbeute der Laminaribiose reduzieren. Eine Desorptionstemperatur von 57°C führt zu verringerter Hydrolyse, jedoch auch zur unvollständigeren Entladung. Eine Verdrängungsdesorption mit 5 wt% Ethanol bewirkt eine deutlich geringere Restbeladung bei hoher Reinheit. Jedoch muss dann eine weitere Komponente im folgenden Prozessverlauf entfernt werden. Die Hydrolyse selber wird durch den Zeolithen katalysiert. Am Beispiel eines BEA 150 Zeolithen konnte nachgewiesen werden, dass bei gleichen Desorptionsbedingungen nur eine minimale Hydrolyse der Laminaribiose einsetzt. Jedoch sind die Adsorptionseigenschaften eines BEA 150 Zeolithen nicht ausreichend für eine sinnvolle Applikation. Aus der Literatur ist jedoch bekannt, dass extrudierte Zeolithe ihre Azidität verlieren können, so dass sich so eine Möglichkeit ergibt, die guten Adsorptionseigenschaften des BEA 50 in extrudierter Form zu nutzen. Extrudierte Zeolithe zeigen auch eine beschleunigte Desorption.

Das Prozessdesign wird durch eine am ICTV entwickelte MatLab®-Simulation unterstützt. Aufbauend auf den Reaktionskinetiken, welche am Institut für Technische Chemie der TU Braunschweig entwickelt wurden, sowie den selber bestimmten Adsorptionsparametern, wurde ein entsprechendes Simulationstool zunächst für Batchprozesse entwickelt. In einem ersten Schritt wurde das Mengenverhältnis der drei beteiligten Enzyme aufeinander abgestimmt. So kann im Vergleich zu einer Gleichverteilung der beteiligten Enzyme die Ausbeute von 0,05 mol Laminaribiose pro mol Saccharose durch eine entsprechende asymmetrische Verteilung auf 0,13 mol pro mol gesteigert werden. Auch der positive Einfluss der reaktionsintegrierten Adsorption kann durch die Simulation beschrieben werden. Hierbei zeigt sich die Notwendigkeit der kontinuierlichen Adsorption: während eines Batchprozesses kann bei einer nicht-kontinuierlichen Adsorption die Ausbeute auf lediglich 0,16 mol pro mol gesteigert werden. Wird der Zeolith jedoch beispielsweise alle 100 Minuten (bei einer Prozessdauer von etwa 2000 Minuten) gewechselt, so lässt sich die Ausbeute auf 0,32 mol pro mol steigern.

Dieses Forschungsprojekt wird von der Deutschen Forschungsgemeinschaft (DFG) gefördert und in Kooperation mit dem Institut für Technische Chemie, Abt. Technologie der Kohlenhydrate, der TU Braunschweig durchgeführt.

4.4.2 Kristallisation von Lipidnanopartikeln in Mikrowärmeübertragern
(Dipl.-Ing. Martin Schoenitz)

Die Forschergruppe 856 „Mikrosysteme für partikuläre Life Science-Produkte mikroPART" der Deutschen Forschungsgemeinschaft beschäftigt sich mit der Verfahrensumstellung von etablierten Batchprozessen zu kontinuierlich betriebenen Prozessen. Dabei soll die Verfahrensumstellung besonders durch die Anwendung von mikrostrukturierten Apparaten realisiert werden, um die Vorteile der Mikroverfahrenstechnik bzgl. Prozessintensivierung zu nutzen und deren Anwendung für problematische Stoffsysteme zu untersuchen.

Abb. 4.44: Schema Lipidnanopartikel

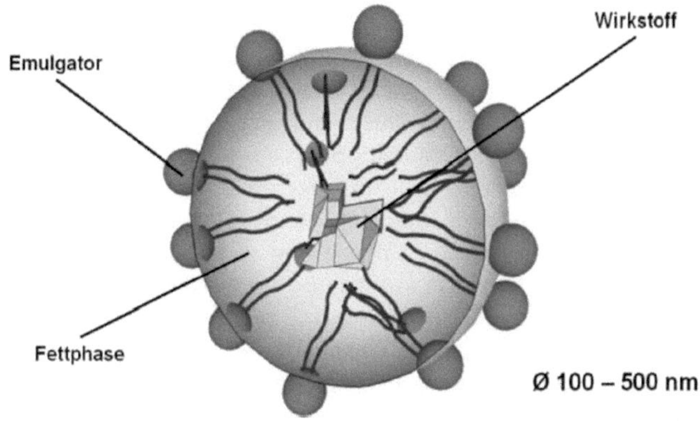

Ein Großteil neu entwickelter Wirkstoffe ist schwer wasserlöslich, was zu Problemen bei der Wirkstoffapplikation mit herkömmlichen, wasserbasierten Wirkstoffträgersystemen führt. Feste Lipidnanopartikel bestehen im Wesentlichen aus einem festen Lipidkern, welcher lipophile Wirkstoffe aufnehmen kann, mit einer emulgatorstabilisierten Lipidmatrix in der Größe von ca. 100 – 500 nm (siehe Abb. 4.44). Durch die Gleichartigkeit mit körpereigenen Substanzen können Lipidnanopartikel im Körper physiologisch abgebaut werden, was im Vergleich zu z. B. polymerbasierten Wirkstoffträgersystemen einen erheblichen Vorteil darstellt. Üblicherweise erfolgt die Herstellung von Lipidnanopartikeln batchweise mittels Schmelzhochdruckhomogenisation und einer anschließenden Kristallisation durch Abkühlung in einem Rührkessel, wobei wenig definierte Kühlraten von 0,5 - 5 K min^{-1} erreicht werden. Da die verwendeten Lipide zumeist in verschiedenen polymorphen Formen vorkommen, kann dies zu einer undefinierten Verteilung von Kristallen der stabilen bzw. der meta-stabilen Form der Lipidnanopartikeln führen. Für Pharmazeutika sind definierte und enge Eigenschaftsverteilungen jedoch zwingend, um gleichbleibende Produktqualitäten zu gewährleisten.

Kontinuierliche Kristallisation von Lipidnanopartikeln

Durch den Einsatz von mikroverfahrenstechnischen Komponenten und der damit einhergehenden Prozessintensivierung ist es möglich, ein reproduzierbares, definiertes und stabiles Produkt kontinuierlich zu erzeugen. Dabei wird die Kristallisation in einem Mikrowärmeübertrager, entwickelt vom Karlsruher Institut für Technologie (KIT) siehe Abb. 4.45, mit Kühlraten von 10 bis 400 K s^{-1} realisiert. Das resultierende Produkt liegt üblicherweise in einer meta-stabilen Kristallform vor. In einer sich anschließenden thermischen Nachbehandlung kann maßgeschneidert eine vollständige Umlagerung in die stabile Kristallform realisiert werden.

Dabei wird als Kältemittel Ethanol mit bis zu -20°C geführt. Im Gegenstrom dazu werden heiße Lipidnanotropfen mit ca. 80°C dem Mikrowärmeübertrager zugeführt. Durch die intensive Abkühlung mit bis zu 400 K s^{-1} durchlaufen die Lipidnanotropfen den Kristallisationspunkt bei ca. 30°C und verlassen den Mikrowärmeübertrager mit ca. 5°C als feste Lipidnanopartikel. Durch die schnelle Abkühlung mit Verweilzeiten von weniger als einer Sekunde in dem Mikrowärmeübertrager werden die Lipidnanopartikeln üblicherweise in meta-stabilen Kristallmodifikationen gebildet. Das Produkt weist aber im Gegensatz zu der Batchherstellung immer eine reproduzierbare Kristallzusammensetzung auf. Diese ist Ausgangsbasis für eine gezielte Umlagerung zu stabilen Kristallmodifikationen. Dieser Verfahrensschritt wird mit Hilfe einer thermischen Verweilstrecke realisiert. Dabei sollen die Lipidnanopartikeln bei Temperaturen, welche sich gerade noch unter den Schmelzpunkten der beteiligten Lipide befinden, bei möglichst geringen Verweil- bzw. Reaktionszeiten in stabile Kristallmodifikationen überführt werden.

Abb. 4.45: Mikrowärmeübertrager (KIT), Länge: 220 mm

Fouling während der kontinuierlichen Kristallisation

Die kontinuierliche Kristallisation von Lipidnanopartikeln führt zu Fouling in den Kanälen des Mikrowärmeübertragers. Dies ist nicht überraschend, da besonders

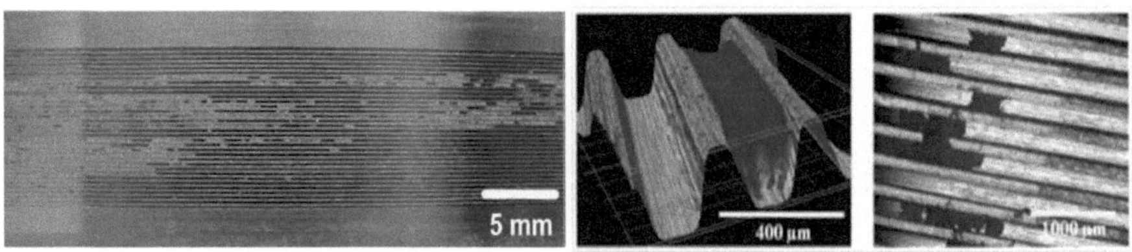

Abb. 4.46: Foulingerscheinungen in Kanälen des Mikrowärmeübertragers: Mikrokanalfolie (l.), Digitalmikroskopaufnahmen (m. und r.)

bei der Förderung von dispersen Stoffsystemen in mikroverfahrenstechnischen Apparaten durch die geringen Querschnitte mit Ablagerungen zu rechnen ist. Daher wird in diesem Projekt untersucht, wie Prozessparameter einzustellen und Formulierungen anzupassen sind, um Fouling zu vermindern oder sogar zu verhindern. Hier hat sich gezeigt, dass besonders eine hohe Emulgatorkonzentration eine Foulingminderung bewirkt. Eine Verringerung der Kanalanzahl bei gleich bleibendem Volumenstrom zeigt ebenfalls eine Foulingminderung, welche auf die gesteigerte Schubspannung zurückzuführen ist. Die Ergebnisse eines Herstellungsversuchs sind in Abb. 4 dargestellt. Dabei wird die Lipidnanopartikelsuspension von ca. 60°C (LNP Ein) auf ca. 5°C (LNP Aus) abgekühlt. Für eine Betriebszeit von 15 Minuten zeigt sich ein Anstieg des Foulings in dem Mikrowärmeübertrager. Dieses wurde dabei durch den Druckverlust über den Mikrowärmeübertrager detektiert. Der Druckverlust steigt von ca. 0,3 bar auf bis zu 9 bar an. Direkt mit dem Druckverlust verbunden ist der Volumenstrom der entsprechenden Suspension, da dieser nicht geregelt wird. Somit sinkt der Volumenstrom mit ansteigendem Druckverlust. Dies wird anhand der detektierten Eingangstemperatur der Suspension ersichtlich, welche über den Versuch um 5°C abfällt, da ein geringerer Volumenstrom eine gleichzeitig stärkere Abkühlung der Suspension in dem Schlauchsystem vor dem Mikrowärmeübertrager bedeutet. Der ebenfalls in Abb. 4.47 dargestellte Foulingwiderstand befindet sich für ca. 8 Minuten im negativen Bereich, was auf eine Verbesserung des Wärmeübergangs hinweist. Der Foulingwiderstand erreicht für diesen Versuch einen Maximalwert von $2 \cdot 10^{-3}$ m²K W^{-1}. Im Vergleich zu makroskopischen Dimensionen entspricht dies starkem Fouling, welches Werten des Foulingwiderstands von mehr als $10 \cdot 10^{-4}$ m² K W^{-1} zugeordnet wird.

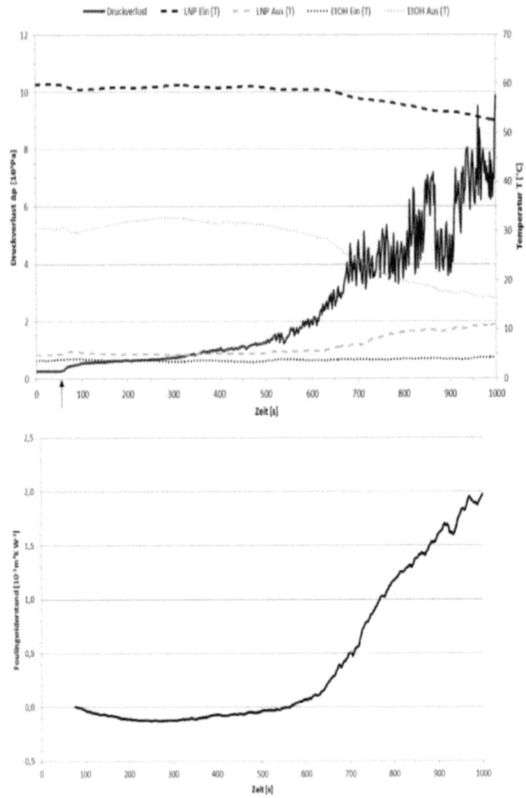

Abb. 4.47: Druckverlust und Foulingwiderstand während der Kristallisation von Lipidnanopartikeln in einem Mikrowärmeübertrager

Reinigungsversuche in dem Mikrowärmeübertrager

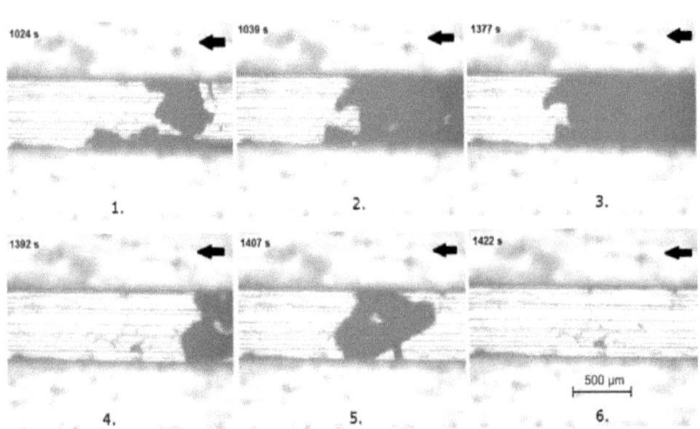

Abb. 4.48: Mikrokanal während der Reinigung

Für die Evaluierung von Reinigungsversuchen wurde eine visuelle in-line Detektion mit Hilfe eines Digitalmikroskops entwickelt. Dabei wurde der Mikrowärmeübertrager so modifiziert, dass eine optische Zugänglichkeit gegeben ist. Ein Digitalmikroskop wurde auf eine hochpräzise Lineareinheit fixiert, sodass während eines Reinigungsversuches lokal mehrere Bereiche des Mikrowärmeübertragers beobachtet werden können. Dazu wird das Digitalmikroskop an die jeweilige Stelle des Mikrowärmeübertragers verfahren und dort die entsprechenden Bilder aufgenommen. Nach einem Reinigungsversuch stehen für jeden Reinigungspunkt eine Vielzahl von Bildern zur Verfügung, die in einem Abstand von ca. 10 Sekunden aufgenommen wurden. Beispielhaft ist ein 20 minütiger Reinigungsverlauf in Abb. 4.48 dargestellt. Somit lassen sich verschiedene Reinigungsmedien und -parameter für eine Cleaning-in-Place-Methodik evaluieren.

Das Projekt ist Teil der DFG–Forschergruppe 856 „mikroPART – Mikrosysteme für partikuläre Life-Science-Produkte" und wird in Kooperation mit dem Institut für Pharmazeutische Technologie der TU Braunschweig durchgeführt.

4.5 Advanced Fluids

4.5.1 Steigerung der technischen Verfügbarkeit und der Wirtschaftlichkeit ionischer Flüssigkeiten durch produktschonende Entwässerung

(Dipl.-Ing. Niels Wellner)

Ionische Flüssigkeiten [Ionic Liquids, IL] finden einen immer breiteren Einsatz als „designer solvents" für spezielle Anwendungen. Diese reichen vom Schmiermittel in Pumpen bis zum Elektrolyten in Solarzellen. Bei vielen dieser Anwendungen ist sowohl eine lange Lebenszeit der IL als auch der Gehalt an Verunreinigungen von entscheidender Bedeutung. Gerade Wasser als Verunreinigung kommt hierbei eine wichtige Bedeutung zu. Ändert sich der Wassergehalt, hat dies signifikante Auswirkungen auf die Stoffdaten, besonders Viskosität, sowie die Korrosivität. Somit ist es wünschenswert den Wassergehalt, sowie auch andere Verunreinigungen, schonend aus der IL entfernen zu können. Dies kann thermisch schonend in einem Fallfilmverdampfer geschehen. Bei Fallfilmverdampfern läuft das aufzutrennende Gemisch schwerkraftgetrieben an der Innenseite des von außen beheizten Verdampferrohres herab, wobei der Leichtsieder aus dem weniger als 2 mm dicken Film ausdampfen kann.

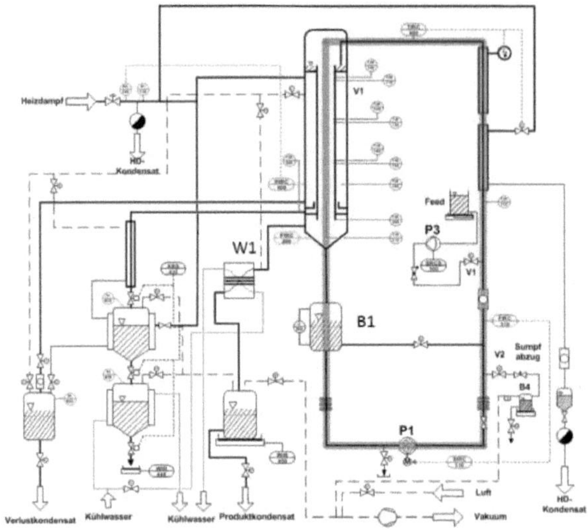

Abb. 4.49: Fließbild des Fallfilmverdampfers

Um einen möglichst industrienahen Aufbau der Versuchsanlage zu gewährleisten wurde ein Metall-Fallfilmverdampfer mit einem Innenrohr mit den Dimensionen d_a x s x l = 32 x 2 x 2770 mm aus Edelstahl 1.4571 sowie einem Edelstahl-Aussenrohr aufgebaut. In Abb. 4.49 ist ein Fließbild der Versuchsanlage gezeigt. Hierbei ist auf der rechten Seite der Produktkreislauf zu erkennen. Das Produkt wird aus dem Vorratsbehälter B1 mittels der Pumpe P1 nach oben in den Kopf der Anlage zur Aufgabe auf das Innenrohr gefördert. Der Massenstrom wird hierbei mittels des Durchflussmessers FIR gemessen und danach auf nahe Siedetemperatur vorgeheizt. Nach Passieren des Verdampferrohres erfolgt eine Trennung von Brüden und Flüssigkeit. Der Brüden wird im Kondensator W1 verflüssigt und danach im Auffangbehälter gravimetrisch erfasst. Heizdampfseitig wird zwischen Mess- und Verlustkondensat unterschieden. Ersteres entsteht am Verdampferrohr, dient der Beheizung des Produktes und wird ebenfalls messtechnisch erfasst. Letzteres wird zur Vorheizung benötigt oder wird als thermische Verlustleistung an die Umgebung abgegeben. Der Wassergehalt der Proben wurde mittels Karl-Fischer-Titration bestimmt. Jede Probe wurde mittels Dreifachbestimmung vermessen.

Abb. 4.50: Minimale Wassergehalte der IL im Batchbetrieb

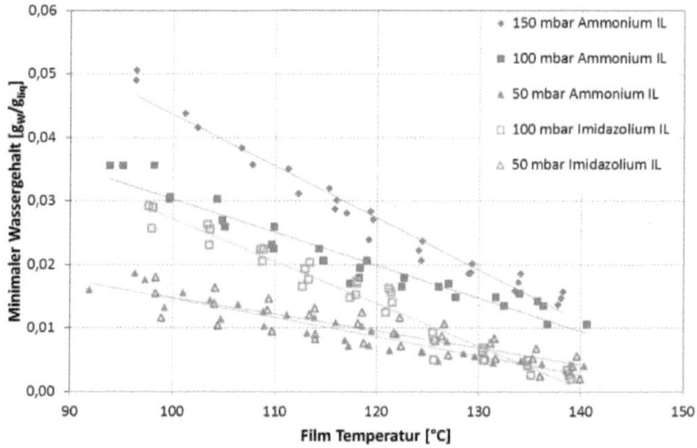

Die Versuche wurden sowohl zur Batchbetrieb als auch mit kontinuierlicher Zu- und Abfuhr durchgeführt. In allen Versuchen wurde eine Berieselungsdichte am Eintritt von 1,8 $m^3\ m^{-1}\ h^{-1}$ eingestellt. Bei dieser Berieselungsdichte und den geringen verdampften Anteilen von typisch unter 10 % kann eine durchgängige Benetzung des Rohres sichergestellt werden. In den Batchversuchen wurde der Gleichgewichtswassergehalt (GGWG) der drei verschiedenen IL unter Variation von Druck und Beheizungstemperatur untersucht. Der GGWG gibt den minimal erreichbaren Wassergehalt beim Verdampfen an und stellt somit das untere Limit für die Entwässerung dar. Dieser Wert ist abhängig von Druck und Temperatur. Exemplarisch sind in Abb. 4.50 die Ergebnisse für zwei IL und Drücke zwischen 50 und 150 mbar dargestellt. Die eingezeichneten Trendlinien zeigen, dass für jeden Druck im betrachteten Intervall eine lineare Abhängigkeit des Wassergehaltes von der Temperatur angenommen werden kann. Es zeigt sich auch der erwartete Zusammenhang, dass mit zunehmender Temperatur und abnehmendem Druck ein geringerer Restwassergehalt erreicht wird. Damit ist es möglich, durch Variation von Druck und Temperatur einen gewünschten oder geforderten Mindestwassergehalt in Batchprozessen einzustellen. Hierbei liegt der große Vorteil in der relativ einfachen Messbarkeit einer Temperatur gegenüber dem Wassergehalt. Dieser kann nur unter großen Aufwand online gemessen werden und eine Messung im hier verwendeten offline Messsystem dauert einige Stunden. Somit kann in industriellen Prozessen der Wassergehalt über Druck und Temperatur bestimmt werden, wenn gewährleistet ist, dass das Gleichgewicht erreicht wurde. Dies ist jedoch in vielen Prozessen nur durch lange Verweilzeiten sicherzustellen. Dies wiederum bedeutet einen höheren Zeit- und Energieaufwand. Daher wäre eine weitere Orientierungsgröße zur Bestimmung des Wassergehaltes sinnvoll. Hierzu bietet sich die Viskosität des Gemisches an. Diese ist sowohl von der Temperatur als auch des Wassergehaltes abhängig und kann in vielen Prozessen einfach online gemessen werden. Es zeigte sich in den Versuchen, dass die Viskosität mit steigender Temperatur sinkt und mit sinkendem Wassergehalt steigt. Der unterschiedliche Anteil der beiden Parameter ist in Abb. 4.51 für eine IL exemplarisch dargestellt. Bis ca. 123 °C überwiegt hier der Einfluss der Temperatur und die Viskosität sinkt. Darüber steigt die Viskosität wieder stark an, hier ist der Einfluss des Wassergehaltes größer. Mit Kenntnis der Temperatur und der Viskosität kann so eindeutig der Wassergehalt bestimmt werden. Allerdings weist jede IL ein charakteristisches Verhalten auf; somit ist es notwendig dieses Verfahren vorher entsprechend zu kalibrieren.

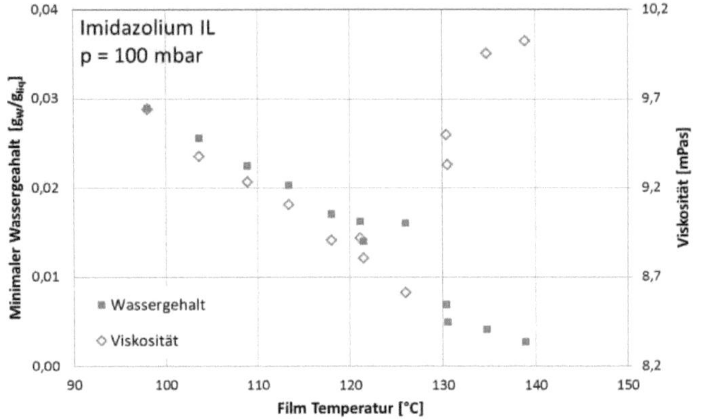

Abb. 4.51: Wassergehalt und Viskosität der Imidazolium IL in Abhängigkeit von der Filmtemperatur

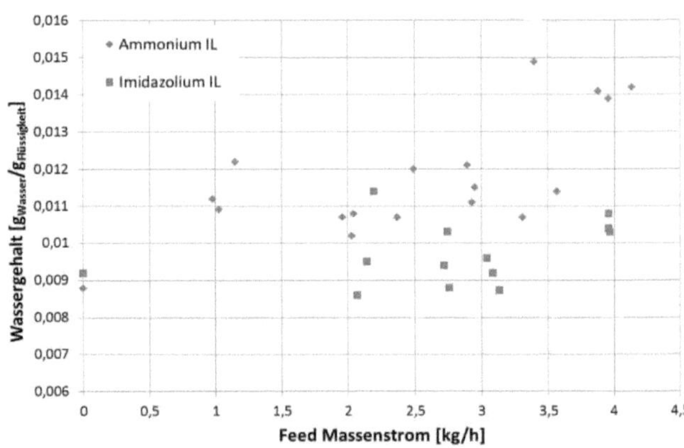

Abb. 4.52: Minimale Wassergehalte der IL im Konti-betrieb

Allerdings sind Batchprozesse für industrielle Anwendungen nur bei geringen Kapazitäten wirtschaftlich sinnvoll, so dass die Versuche auf eine Konti-Fahrweise erweitert wurden. Hierbei wurde der Druck auf 50 mbar und die Heizdampftemperatur auf 120 °C festgesetzt. Es wurde dann der Feedmassenstrom zwischen 1 und 4 kg h^{-1} variiert. Die Restwassergehalte dieser Versuche sind in Abb. 4.52 dargestellt. Zusätzlich sind die Wassergehalte der äquivalenten Batchversuche auf der Ordinate angegeben. Es ist zu erkennen, dass in der gewählten Fahrweise die

Batch-Wassergehalte für die Imidazolium IL bis zu einem Massenstrom von 3 kg h^{-1} annähernd erreicht werden, bei der Ammonium IL jedoch bereits bei kleinsten Feedströmen höhere Wassergehalte gemessen werden. Hier ist die Verweilzeit nicht ausreichend, um das Wasser auszudampfen. Dies zeigte sich auch bereits in den Batchversuchen, da auch dort wesentlich mehr Zeit bis zum Erreichen des Gleichgewichts benötigt wurde.

Das IGF-Vorhaben der Forschungsvereinigung Dechema e.V. wird in Kooperation mit dem Lehrstuhl für Chemische Reaktionstechnik der FAU Erlangen-Nürnberg durchgeführt und über die AiF im Rahmen des Programms zur Förderung der Industriellen Gemeinschaftsforschung (IGF) vom Bundesministerium für Wirtschaft und Technologie aufgrund eines Beschlusses des Deutschen Bundestages gefördert.

4.5.2 Reinigung Ionischer Flüssigkeiten mittels Adsorption

(Dr. rer. nat. Susann Dorn)

Der Einsatz Ionischer Flüssigkeiten (engl. ionic liquids, IL) als alternatives Reaktionsmedium, Lösungs- oder Trennhilfsmittel bietet in zahlreichen Anwendungen großes Potential zur Gestaltung überlegener Produkte und Prozesse. Die Rückgewinnung und der erneute Einsatz der verwendeten IL sind dabei maßgebend für die Wirtschaftlichkeit und Nachhaltigkeit eines solchen technischen Prozesses. Während leicht- und mittelsiedende Verunreinigungen meist befriedigend über Verdampfung abgetrennt werden können, stellen insbesondere hochsiedende Verunreinigungen ein erhebliches Problem dar. Die vielfach nur in sehr geringen Mengen vorhandenen organischen Hochsieder lassen sich nur durch energetisch hohen Aufwand (sehr hohe Temperaturen, niedrige Drücke) abtrennen; ein Prozess, der bisher oft nicht wirtschaftlich darstellbar ist. Um Kosten zu minimieren wird das Verfahren des „bleed-and-feed“ angewendet. Bei diesem Prozess wird ein Teilstrom des Rezyklates abgezogen und durch frische IL ersetzt. Der ausgeschleuste Teilstrom kann z. B. thermisch entsorgt werden.

Das Forschungsvorhaben beschäftigt sich mit der Reinigung der IL durch Adsorption an anorganischen Adsorbentien, wie z. B. Kieselgel, Aktivkohle oder Aluminiumoxiden. Die Adsorption ermöglicht eine selektive Trennung thermisch sensibler Stoffe in der Gas- und Flüssigkeitsphase und ist besonders zur Abtrennung geringer Mengen Verunreinigung geeignet. Die Untersuchungen betrachten hydrophile und hydrophobe Adsorbentien. Neben der Reinigung der IL von Schwersiedern sollen auch Untersuchungen zum Verhalten unterschiedlicher Adsorbentien an ausgewählten Beispielen erfolgen. Die ganzheitlichen Experimente beinhalten die strukturelle Charakterisierung der Adsorbentien (Porenvolumen, Porengröße und deren Verteilung, etc.) und die Modellierung von Adsorptionsisothermen, Adsorptionswärmen und -kinetik. Die erhaltenen Daten dienen als Grundlage zur Auslegung und für das Design industrieller Adsorber.

Basis der Forschungen sind technisch relevante Aufgabenstellungen. Es sollen Reinigungsstrategien für folgende, bestehende Prozesse erarbeitet werden:

- Verunreinigungen der IL mit Wasser verursacht durch die starke Hygroskopie der Salze
- Abtrennung von in den IL gelösten Nebenprodukten aus chemischen Prozessen, wie z. B. der Herstellung von Bioethanol oder Celluloseacetatfasern.

Zur Untersuchung werden zunächst die IL 1-Butyl-3-methylimidazoliumchlorid (BMIMCl), 1-Ethyl-3-methylimidazoliumacetat (EMIMAc), 1-Ethyl-3-methylimidazoliumtosylat (EMIMTos) und 1-Ethyl-3-methylimidazulinethylsulfat ($EMIMEtSO_4$) herangezogen (siehe Abb. 4.53).

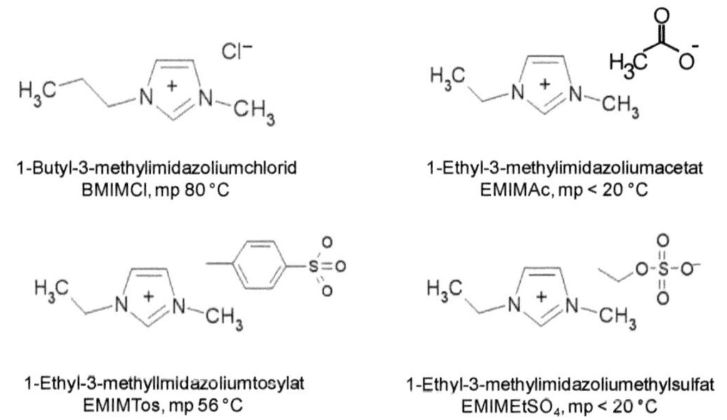

Abb. 4.53: Untersuchte ionische Flüssigkeiten.

Die bisherigen Untersuchungen zeigen, dass abhängig von der IL unterschiedliche Adsorptionspotentiale bezüglich der Adsorbentien auftreten. Im Fall von Molekularsieben, Aluminiumoxid und Silicagel werden die reinen IL (BMIMCl, EMIMAc, EMIMTos und $EMIMEtSO_4$) nicht adsorbiert. Als mögliche Verunreinigungen werden neben Wasser auch Stabilisatoren aus der Celluloseverformung untersucht. Zunächst wurde das Adsorptionsverhalten der Adsorbentien gegenüber den reinen Hochsiedern experimentell getestet. Molsieb 13X, 5A und Al_2O_3 zeigten eine besonders gute Zugänglichkeit für die getesteten Verunreinigungen. Adsorptionsexperimente über 24 h bei Raumtemperatur (3 g Adsorbens, 2 ml Hochsieder) ergaben eine Beladung im Bereich von 0,3 bis 0,65 g/g. Durch die Varianz kann für die jeweilige Aufgabenstellung das passende Adsorbens gewählt werden.

Laufende Untersuchungen adressieren das Verhalten der Adsorbentien gegenüber Gemischen aus IL und Verunreinigung. Es wird studiert, inwiefern eine direkte Trennung der Gemische mittels Adsorption möglich ist. Am Beispiel der Entfernung des Stabilisators aus IL können Unterschiede in der Effektivität der untersuchten Molsiebe gezeigt werden (siehe Abb. 4.54). Vergleicht man die Gleichgewichtsbeladungen nach 10 Tagen der Molsiebe 13X, 5A und AW500 bei der Reinigung von EMIMAc bei unterschiedlichen Temperaturen (RT, 50 °C), so wird deutlich, dass die Effektivität der Molsiebe von 13X über AW500 und 5A abnimmt, unabhängig von der vorherrschenden Temperatur des Prozesses. Es können Beladungen im Bereich von 0,06 bis 0,21 g/g realisiert werden. Eine Erhöhung der Temperatur führt zu einer Viskositätserniedrigung des Gemisches und somit zu einer effektiveren Adsorption, begründet durch die bessere Zugänglichkeit in die Poren des Adsorbenses.

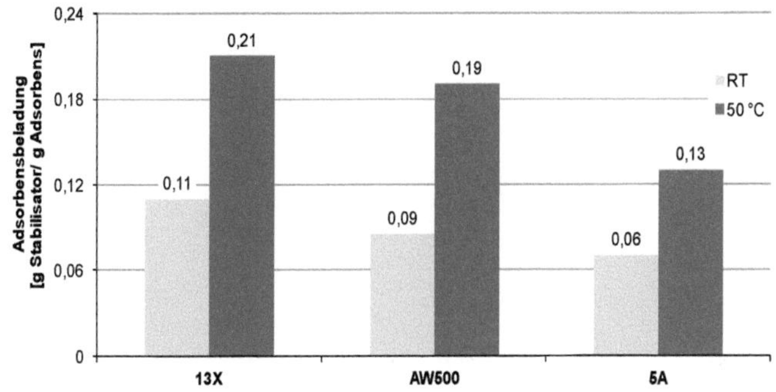

Abb. 4.54: Vergleich der Gleichgewichtsbeladung bei der Reinigung von EMIMAc bei unterschiedlichen Temperaturen

In Rahmen dieser Arbeiten konnte ebenfalls gezeigt werden, dass Wasser sehr gut aus verschiedenen IL entfernt werden kann. Dabei kristallisierten sich die Molsiebe 13X und 5A als effektive Trennmittel heraus. Exemplarisch ist im Folgenden die Adsorptionsisotherme zur Abtrennung von Wasser aus $EMIMEtSO_4$ mittels Molsieb 13X dargestellt (siehe Abb. 4.55). Die erhaltenen Adsorptionsisothermen folgen dem Model nach Freundlich gemäß $X = 8{,}17 * Y^{3{,}25}$, unabhängig von der Temperatur.

Die bisherigen Ergebnisse zeigen, dass die Adsorption sehr gut zur Reinigung der IL geeignet ist. Ein universell einsetzbares Adsorbens ist bisher nicht gefunden. Die Adsorption ist abhängig von der IL und der Verunreinigung und ist für jedes Problem zu optimieren.

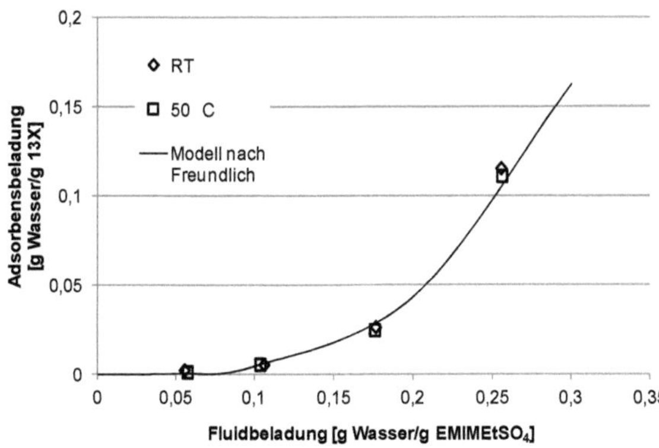

Abb. 4.55: Adsorptionsisotherme von Wasser aus $EMIMEtSO_4$ bei unterschiedlichen Temperaturen

4.6 Studentische Gruppen

4.6.1 Bierbrau-AG

(Dipl.-Ing. Steffi Höft)

Im letzten Institutsbericht wurde bereits über die studentische Initiative der Bierbrauer berichtet und einige Glückliche durften beim letzten Ehemaligentreffen ein dunkles Selbstgebrautes kosten. In den letzten zwei Jahren ist die Bierbrau-AG weiter gewachsen und hat immer neue Bierkompositionen ausprobiert. So gab es beispielsweise zur letzten Weihnachtsfeier ein dunkles Bock mit leichter Gewürz- und Honig-Note. Außerdem fuhren die Studenten zum jährlich stattfindenden International Brewing Contest. 2011 ging es mit einem Pils nach Berlin und 2012 mit einem "Atompils" nach Hamburg:

Seit dem letzten Institutsbericht hat sich auch personell einiges getan. Manuel Holtkamp ist durch sein Ausscheiden am Institut nicht mehr das leitende Mitglied. Außerdem wurde eine richtige Initiative gegründet, weshalb es jetzt einen Vorsitzenden, Timo Küster, und einen stellvertretenden Vorsitzenden, Konrad Göldner, unter den studierenden Mitgliedern gibt. Desweiteren sind viele neue Gesichter mit dabei, sodass wir insgesamt auf ca. 15 aktive Brauer kommen.

Da leider bisher auf keinem der Wettbewerbe trotz leckeren Bieres ein Preis gewonnen wurde, haben sich die Studierenden etwas Besonderes überlegt. Die Bierbrau-AG will im nächsten Jahr eigenen Hopfen anbauen. Außerdem werden weitere neue Rezepte ausprobiert.

Hinten von links: Matthias Haarmann, Frederike Stehmann, Steffi Höft, Christian Oettel, Nanno Mühl, Jonas Subel. Vorne von links: Timo Küster und Gundula Sprick

Die Brau-AG dankt dem Förder- und Freundeskreis des ICTV e. V. für seine Unterstützung.

5 Dissertationen

5.1 Optimierte Produktgewinnung und Regeneration bei der reaktionsintegrierten Adsorption

(Dissertation von Dr.-Ing. Manuel Holtkamp)

1. Bericht: Prof. Dr.-Ing. Stephan Scholl
2. Bericht: Prof. Dr. Hans-Joachim Jördening

Problemstellung

Die weiße Biotechnologie hat in den letzten Jahren mehr und mehr an Bedeutung gewonnen. So hat sie nicht nur neue Produkte hervorgebracht, sondern auch neue, ökonomischere und ökologischere Produktionswege. Das Anwendungsspektrum der weißen Biotechnologie reicht von Massenprodukten, welche in Reaktoren mit mehreren hundert Kubikmetern produziert werden, über Chemikalien mit Jahresproduktionen im kg-Maßstab, hin bis zu Spezialchemikalien, von denen batchweise nur wenige mg produziert werden. Letzteres gilt insbesondere für die pharmazeutische Industrie.

Dem Downstreamprocessing, also der Reindarstellung des Produktes, kommt dabei eine besondere Bedeutung zu. Je nach produzierter Jahresmenge werden hierfür üblicherweise 30% bis 75% der Gesamtproduktionskosten aufgewendet, wodurch sich ein großes Einsparpotential ergibt. Die reaktionsintegrierte Produktgewinnung (In-Situ Product Removal, ISPR) stellt eine effiziente Verfahrensweise dar, um Produkte aus thermodynamisch ungünstigen Reaktionen zu gewinnen, Inhibierungen durch das Produkt oder dessen Weiterreaktionen zu vermeiden sowie eine Vorkonzentrierung und damit einen ersten Reinigungsschritt des Zielproduktes zu erreichen. Dadurch kann das Downstreamprocessing vereinfacht und reduziert werden.

In der hier vorgestellten Arbeit wird das Disaccharid Isomaltose, welches als Intermediat in einer enzymatischen Katalyse auftritt, mittels ISPR-Adsorption gewonnen. Isomaltose hat präbiotische Eigenschaften und einen positiven Einfluss auf die Darmflora. Saccharide dieser Art haben ein breites Anwendungsspektrum im Bereich des „functional food“ und können immunstimulierende Wirkungen entfalten. Jedoch kommt Isomaltose in der Natur nur in Gemischen mit anderen Sacchariden und dann nur in geringen Konzentrationen vor, so dass sich eine Gewinnung aus diesen Quellen nicht lohnt. Aus diesem Grund wird eine enzymatische Produktion der Isomaltose in einem Mehrphasenbioreaktionsadsorber (MBRA) angestrebt, wobei weitere Zucker als Reaktanden auftreten. Das immobilisierte Enzym sowie das Adsorbens liegen als feste Phase vor, die apparative Ausführung erfolgt als Wirbelbett. Als Adsorbens wird ein hochdealuminierter BEA Zeolith verwendet, da dieser hervorragende Adsorptionseigenschaften für Isomaltose aufweist. Während der Biokatalysator im Reaktor zurückgehalten wird, wird der Zeolith kontinuierlich aus dem Reaktionsraum entfernt. Nach einer Fest/flüssig-Trennung wird der Überstand rezykliert.

Wird das Produkt adsorptiv aus dem Reaktor entfernt, muss es zur Reindarstellung im Anschluss desorbiert werden. Die Desorption erfolgt thermisch. Die entladenen Zeolithe sollen nach einer Regeneration wiederverwendet werden. Beides sind entscheidende Faktoren für die Wirtschaftlichkeit des Prozesses und stehen im Fokus dieser Arbeit.

Experimentelle Vorgehensweise

Slurryanwendung der Zeolithe

Zunächst wurden die Adsorptionsisothermen des Zielproduktes Isomaltose sowie der Intermediate Fruktose und Glukose an verschiedenen BEA Zeolithen experimentell bestimmt. Dazu wurde ein Verhältnis von Messlösung zu Adsorbens von $V_L/m_{Ad} = 5\ mL \cdot g^{-1}$ gewählt. Messungen erfolgten i. d. R. in 2 mL Reaktionsgefäßen. Die Analyse der Zuckerkonzentrationen erfolgt mittels HPLC.

Die gemessenen Adsorptionsisothermen lassen sich mit dem Modell nach Langmuir beschreiben. Die entsprechenden Parameter für Beladung, Langmuir-Parameter und Adsorptionsgleichgewichtskonstante sind in Tab. 51 aufgeführt. Lediglich die Adsorptionsisotherme von Glukose an BEA 450 zeigt eine Typ III-Isotherme und kann mit dem Modell nach Freundlich beschrieben werden.

Tab. 5.1: Zusammenfassung von Isothermendaten verschiedener Module bei 30 °C sowie die Adsorptionsenthalpie der drei Zucker an BEA 150

Zeolithtyp	Parameter	Isomaltose	Fruktose	Glukose
BEA 25	$q_{i,max}$ [mg g^{-1}]	86,9	150,4	100,6
	b_i [L g^{-1}]	0,067	0,007	0,009
	$K_{i,L}$ [mL g^{-1}]	5,9	1,0	0,9
BEA 150 [Berensmeier, Dissertation 2004]	$q_{i,max}$ [mg g^{-1}]	92,5	161,0	120,9
	b_i [L g^{-1}]	0,171	0,006	0,005
	$K_{i,L}$ [mL g^{-1}]	15,9	1,0	0,6
BEA 450	$q_{i,max}$ [mg g^{-1}]	63,5	2823	
	b_i [L g^{-1}]	0,034	0,0003	
	$K_{i,L}$ [mL g^{-1}]	2,2	0,7	
	a [L g^{-1}] Freundliche-Konstante			0,01
	b [-] Freundlich-Parameter			1,415
BEA 150	h_{Ad} [kJ mol^{-1}] Adsorptionsenthalpie	-28,0	-4,9	-13,3

Die Adsorptionsparameter verdeutlichen, dass mit BEA 150 ein geeignetes Adsorbens für die reaktionsintegrierte Produktgewinnung gefunden wurde. Im

Folgenden wurden für BEA 150 Adsorptionsisothermen bei verschiedenen Temperaturen bestimmt. Aus diesen Messdaten lassen sich mittels eines van't Hoff-Plot die Adsorptionsenthalpien abschätzen, welche ebenfalls in Tab. 5.1 angegeben sind. Die Werte zeigen, dass die Desorption von Fruktose und Glukose aufgrund des geringeren Energiebedarfs schneller erfolgen sollte als die Desorption der Isomaltose.

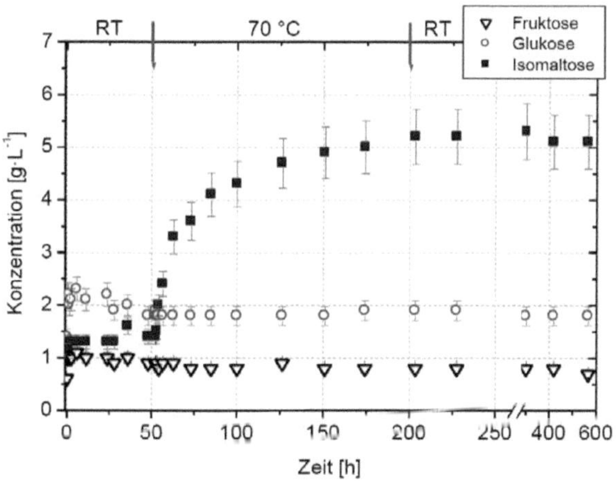

Abb. 5.1: Desorptionskinetik in reinem Wasser mit zwei Temperatursprüngen

Bei der Desorption werden die gebundenen Zucker freigesetzt. In Abb. 5.1 ist der zeitliche Verlauf einer Desorption mit zwei Temperatursprüngen dargestellt. Es zeigt sich, dass die Desorption der Isomaltose durch Erhöhung der Temperatur forciert werden kann. Auch bei anschließender Senkung der Temperatur bleibt die gewonnene Isomaltose im Desorbat zurück, was für die angestrebte Prozessführung vorteilhaft ist. Die erhaltene Konzentration an Isomaltose zeigt eine gute Übereinstimmung mit den gemessenen Isothermen und den daraus bestimmten Adsorptionsenthalpien. Für eine hinreichende Desorption sind drei Schritte ausreichend. Hier zeigte sich, dass die Kreuzstromdesorption mit einer geringeren Stufenzahl auskommt. Nach der Desorption können die Zeolithe wiederverwendet werden, jedoch muss vor der Aktivierung ebenfalls eine Konditionierung derselben stattfinden, um eine vergleichbare Kapazität zu erhalten. Eine Lagerung der Zeolithe in wässriger Lösung führt jedoch zu einem Kapazitätsverlust, so dass eine Zwischenlagerung trocken durchgeführt werden sollte.

Festbettanwendung

In industriellen Prozessen werden größere Adsorbenspartikel häufig bevorzugt. In vielen Fällen können durch Extrudate Festbettanwendungen realisiert werden, wodurch die Fest/flüssig-Trennung vereinfacht und vom biologischen Reaktionssystem unabhängige Prozesstemperaturen ermöglicht werden. In Zusammenarbeit mit dem Institut für Chemische Verfahrenstechnik des Karlsruher Institut für

Technologie wurde der BEA 150 Zeolith mit einem Aluminium-Phosphat-Binder extrudiert und anschließend charakterisiert. In Abb. 5.2 sind die Adsorptionsisothermen von Isomaltose an Extrudaten gezeigt. Die korrespondierenden Parameter für eine Beschreibung nach Langmuir sind in Tab. 5.2 gelistet, ebenso wie die Selektivitäten der Extrudate und Pulver bei 30 °C, welche aus Mehrkomponentenmessungen experimentell bestimmt wurden.

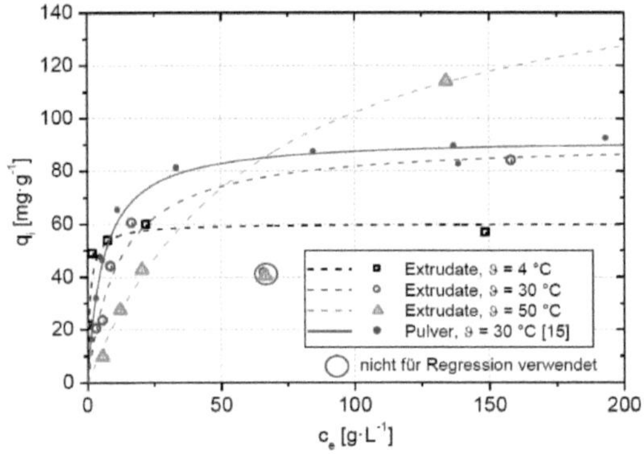

Abb. 5.2: Adsorptionsisothermen von Isomaltose an Extrudaten und Pulver.

Tab. 5.2: Isothermenparameter aus Abb. 5.1 und Selektivitäten für Isomaltose gegenüber Glukose.

Adsorbens, Temp.	b_i [L g^{-1}]	q_{max} [mg g^{-1}]	α [-]
Extr., 4 °C	1,08	60,1	
Extr., 30 °C	0,09	91,3	35
Extr., 50°C	0,02	168,8	
Pulv., 30 °C	0,17	92,5	20

Bei 30 °C zeigen Extrudate eine höhere Selektivität für Isomaltose gegenüber Glukose in realen Prozesslösungen. Die Isothermen der Extrudate lassen sich ebenfalls mit dem Modell nach Langmuir beschreiben. Dabei zeigen Extrudate eine deutlich höhere Temperaturabhängigkeit der Maximalbeladung als Pulverzeolithe.

Diffusion in Zeolithen

Der Stofftransport in Zeolithen beeinflusst maßgeblich die Ad- und Desorptionskinetik und trägt somit aufgrund des geschlossenen Kreislaufs der Zeolithe zur Effizienz des gesamten Prozesses bei. Die langandauernde Desorption widerspricht einer zeitnahen Wiederverwendung des Zeolithen. Somit ist eine quantitative Aussage zum Stofftransport unumgänglich. Dieser lässt sich aus den kinetischen Messungen ableiten. Über vereinfachende Annahmen zur Geometrie der Zeolithe lässt sich der Diffusionskoeffizient aus der Konzentrationsänderung über die Zeit berechnen. Die Ergebnisse hierzu sind in Tab. 5.3 wiedergegeben.

Tab. 5.3: Zusammenfassung der berechneten Diffusionskoeffizienten.

Zeolith / Bedingung	Diffusionskoeffizient D [$m^2 \cdot s^{-1}$]
Adsorptionsmessungen	
Zeolithpulver	$1{,}9 \cdot 10^{-12}$
Extrudate, r = 0,5 mm	$2{,}4 \cdot 10^{-11}$
Extrudate, r = 100 nm	$4{,}6 \cdot 10^{-19}$
Desorptionsmessungen	
Pulver, θ = 70 °C	$2{,}4 \cdot 10^{-15}$
Pulver, θ = 50 °C	$2{,}0 \cdot 10^{-17}$
Extrudate, H_2O, r = 0,5 mm	$4{,}9 \cdot 10^{-11}$
Extrudate, 5%EtOH, r = 0,5 mm	$4{,}8 \cdot 10^{-10}$
Extrudate, H_2O, r = 100 nm	$9{,}5 \cdot 10^{-19}$
Extrudate, 5%EtOH, r = 100 nm	$9{,}4 \cdot 10^{-18}$

Im Gegensatz zur Pulverform unterscheiden sich die Diffusionskoeffizienten bei Ad- bzw. Desorptionsmessungen an Extrudaten nur geringfügig. Auffällig ist der deutlich größere Stofftransport während der Desorption bei großen Extrudaten. Für die Anwendung der Extrudate in einem Festbett ist dies ein positives Ergebnis. Der extreme Unterschied der Ad- und Desorptionskinetik beim Pulver kann durch die zickzackartig verlaufenden Porenkanäle erklärt werden. Messbar ist nur die Konzentration in der Bulkphase. Wenn ein Molekül im Rahmen der Adsorption in die Pore eintritt, ändert sich die Konzentration in der Bulkphase, eine potentielle Wanderung innerhalb der Pore ist nicht direkt messbar. Wenn im Rahmen der Desorption das Molekül jedoch zunächst durch das Porensystem transportiert werden muss, bis es aus der Pore austritt und in der Bulkphase messbar wird, kann dies in Abhängigkeit der Weglänge zu einer deutlichen Verzögerung führen, was die unterschiedlichen Diffusionskoeffizienten erklärt.

Zusammenfassung

Eine reaktionsintegrierte Adsorption zur enzymatischen Herstellung neuartiger Saccharide wurde am Modellzucker Isomaltose untersucht. Für das bereits etablierte und kommerziell erhältliche Enzymsystem Dextransucrase wurde das

Downstreamprocessing charakterisiert. Als Alternativen wurden der Einfluss einer rekombinanten Glucosyltransferase und die Auslagerung der Adsorption in ein externes Festbett untersucht.

Die Auswahlkriterien für das Adsorbens, welches in der Slurryanwendung eingesetzt wird, sind hohe Kapazität und Selektivität. Dies gilt besonders für die Trennung von Glukose und Isomaltose. Die ursprüngliche Festlegung auf Zeolith BEA 150 durch Einpunktmessungen im Henry-Bereich wurde durch Isothermen bis in den hohen Konzentrationsbereich bestätigt. Unter den drei verglichenen Modulen BEA 25, 150 und 450 zeigte BEA 150 die höchste Adsorptionsgleichgewichtskonstante $K_{i,L}$ und Sättigungsbeladung $q_{i,max}$ für Isomaltose.

Das Si/Al-Verhältnis der drei untersuchten Module zeigte für Fruktose keinen ausgeprägten Unterschied im Isothermenverlauf. Im relevanten Konzentrationsbereich bis 100 $g \cdot L^{-1}$ verlaufen die Fruktose-Isothermen nahezu linear. Für Glukose liegt an BEA 450 eine Isotherme vom Typ III vor. Dieser Isothermentyp ist für die Adsorption ungünstig. Durch die, im Vergleich zu BEA 150, schwächer ausgeprägte Typ I-Isothermen von Isomaltose an BEA 450 könnte dieses Adsorbens zu einer höheren Selektivität von Isomaltose und Glukose führen als bei BEA 150. Für eine Festbettanwendung kann die geringe Kapazität von BEA 450 für Isomaltose durch eine größere Menge an Adsorbens kompensiert werden. BEA 450 ist für das hier beschriebene Produktionssystem eine interessante Alternative und sollte weiter untersucht werden.

Die Untersuchung der Waschbedingungen zeigte, dass eine kurze und kalte Wäsche am effektivsten ist. Bei hohen Waschtemperaturen kommt es zur vorzeitigen unerwünschten Desorption von Isomaltose. Die Zeolithkonzentration im Reaktor und die Betriebsweise der Produktion beeinflussen die Aufarbeitung ebenfalls. Für die kontinuierliche Betriebsweise des MBRA sollte die Zeolithkonzentration eher klein gewählt werden. Dies verringert die Koadsorption mit Glukose und erleichtert die Aufreinigung. Für eine diskontinuierliche Betriebsweise sollte die Zeolithkonzentration dagegen so hoch wie möglich gewählt werden, um möglichst viel Isomaltose aus dem System zu entfernen.

In Desorptionsuntersuchungen wurden die Hinweise auf eine schwierige Desorption (hohe Adsorptionsenthalpie, Typ I-Isotherme, Verluste bei hohen Waschtemperaturen) bestätigt. Zur Desorption ist eine erhöhte Temperatur nötig. Bei 90°C kam es jedoch zu einer Produktschädigung. Bei 50°C dauert die Desorption ca. 6-mal länger als bei 70°C. Als Eluent zeigte Wasser eine ausreichende Effizienz. Die Zugabe von Ethanol (Verdrängungsdesorption) erscheint hingegen als nicht wirtschaftlich, da die Desorptionsausbeute nicht deutlich erhöht wird. Die Auswahl des Desorptionsverfahrens zeigte, dass sowohl eine Gegen- als auch eine Kreuzstromdesorption möglich sind. Eine dreistufige Kreuzstromdesorption führte dabei zu einer vollständigen Entladung der Zeolithe.

Für eine mehrfache Wiederverwendung der Pulverzeolithe muss ein erhöhter Aufwand für die Konditionierung betrieben werden. Dabei sind vor allem

Natriumionen und der Restwassergehalt in den Zeolithen maßgeblich für den Erfolg der Wiederverwendung. Ohne den Einsatz von Natriumionen und ohne Aktivierung bei 400 °C verlieren Pulverzeolithe ihre Kapazität für Isomaltose nach der ersten Desorption. Die Lagerung der Zeolithe in wässrigen Puffersystemen wirkt sich ebenfalls negativ auf die Kapazität aus.

Als vergrößerte Formkörper für eine Anwendung im externen Festbett zeigten Extrudate mit einer Aluminium-Phosphat-Sintermatrix gute Eigenschaften. Durch eine makroporöse Porenstruktur zeigen die Extrudate eine langsamere Adsorption als Pulverzeolithe, an denen die Adsorption instantan stattfindet. Die Henry-Isothermen für Isomaltose zeigen an Extrudaten bei 4°C eine höhere Affinität als an Pulverzeolithen. Im Falle einer Festbettanwendung wäre die niedrige Temperatur bei der Adsorption an Extrudaten in einem externen Festbett nutzbar. Für Pulverzeolithe ist dies aufgrund des Temperaturoptimums des Enzyms in einem Wirbelbett nicht möglich.

Die Desorption der Extrudate verläuft schneller als an Pulverzeolithen und kann durch Zugabe von Ethanol forciert werden. Die Aufreinigung mit Extrudaten ist möglich. Die optimalen Waschbedingungen müssen noch untersucht werden. Für die mehrfache Wiederverwendung der Extrudate müssen auch wie bei Pulverzeolithen eine Behandlung mit Natriumionen und eine Aktivierung erfolgen.

Teile dieses Projektes wurden durch die Max-Buchner-Stiftung der DECHEMA finanziert. Die Firma Süd-Chemie AG (jetzt Teil der Clariant Gruppe) stellte Zeolithproben zur Verfügung. Die finanzielle Unterstützung weiterer Teilprojekte erfolgte durch die Deutsche Forschungsgemeinschaft (DFG).

5.2 Fallfilmverdampfung viskoser Reinstoffe unter Berücksichtigung der Einlaufgeometrie

(Dissertation von Dr.-Ing. Stefanie Arndt)

1. Bericht: Prof. Dr.-Ing. Stephan Scholl
2. Bericht: Prof. Dr.-Ing. habil. Andrea Luke

Problemstellung

Bei Fallfilmverdampfern wird der Leichtsieder aus einem dünnen schwerkraftgetrieben abrieselnden Film ausgedampft, welcher meist auf der Innenseite eines Rohres mittels eines Verteilers aufgeprägt wird. Die Beheizung erfolgt dabei üblicherweise mittels kondensierenden Heizdampfs an der Außenseite der Rohre. Dieser Apparat zur Stofftrennung wird meist bei temperaturempfindlichen Stoffen, wie z. B. Zucker- oder Fruchtsäften, großtechnisch eingesetzt. Hierbei erhöht sich bei der Eindickung auch die Viskosität. Diese kann bei Zuckergehalten von 70 % und einer Temperatur von 100 °C bereits über 10 mPas liegen. Für derart hohe Viskositäten sind die im VDI Wärmeatlas vorgeschlagenen Korrelationen meist nicht mehr durch Messdaten abgesichert, die im selben Viskositätsbereich oder mit einer vergleichbaren Apparatur erzeugt wurden. Der Großteil der Messungen wurde mit Wasser oder ähnlich viskosen Medien durchgeführt oder an außen berieselten Platten oder Rohren, hierbei häufig mit einem Ringspalt als Flüssigkeitsaufgabe. Demgegenüber stellen innenberieselte Rohre mit einem Lochkastenverteiler die industrielle Praxis dar. Weiterhin spielt die Rohrlänge für das Verhältnis von Einlauflänge und der Länge der ausgebildeten Strömung eine Rolle. Bei vielen industriellen Anwendungen kommen Rohrlängen von über zehn Metern zum Einsatz, in vielen Versuchen wurden dagegen lediglich Rohrlängen unter einem Meter verwendet. Hierbei kann es zu einem erhöhten Einfluss der Einlauflänge auf das Gesamtergebnis kommen, da der Anteil und die Auswirkungen der Einlauflänge nur unzureichend von denen der eingelaufenen Strömung getrennt werden können.

Somit kann die Verwendung der VDI-Korrelationen für die Auslegung von Fallfilmverdampfern bei erhöhten Viskositäten nicht als gesichert angenommen werden. Es ist somit vorteilhaft, diesen Bereich durch neue Messungen in genannten Bereich und unter Betrachtung der Einlauflänge abzudecken.

Experimentelle Vorgehensweise und Ergebnisse

Versuchsaufbau und verwendete Stoffe

Für die Messungen wurde ein Fallfilmverdampfer konstruiert und aufgebaut. Abb. 5.3 zeigt das Fließbild der Anlage. Der Verdampfer besteht aus einem Edelstahl-Innenrohr (1.4571, nahtlos gezogen) der Dimensionen d_a x s x l = 36 x 3 x 2500 mm und einem isolierten Edelstahl-Außenmantel. Aus dem Vorlagebehälter B1 wird das Produkt durch eine Zahnradpumpe P1 zum Kopf der Anlage befördert. Dabei wird der Umlaufstrom mit einem Coriolis-Durchflussmesser (FIR) bestimmt. Vor dem Eintritt in den Kolonnenkopf wird das Produkt durch zwei elektrische Vorheizstrecken auf nahezu Siedetemperatur vorgeheizt. Das Produkt tritt über einen Ringverteiler am Verdampferkopf ein, fließt über einen austauschbaren Überlauf in das Innenrohr und wird dann durch die Beheizung über den Außenmantel teilweise verdampft.

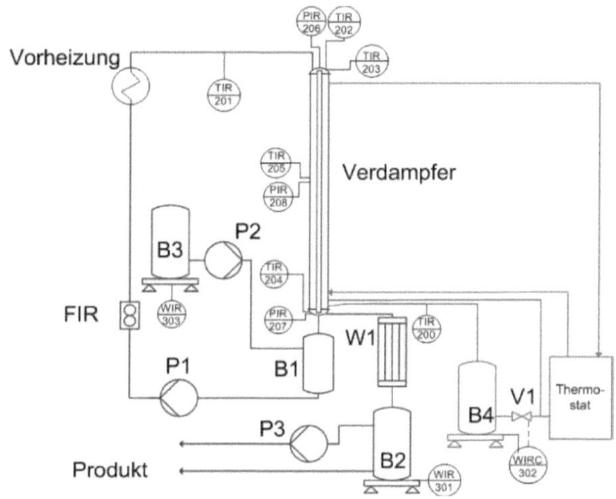

Abb. 5.3:
Fließbild der Versuchsanlage

Nach Verlassen des Innenrohres werden im Sumpf Brüden und Flüssigkeit durch eine Schwerkraftabscheidung voneinander getrennt. Die Flüssigkeit fließt in den Vorlagebehälter B1 zurück, der Brüden wird oberhalb des Innenrohrendes abgezogen und in einem Kondensator W1 (Fa. QVF, Glas, 0,5 m² Fläche) kondensiert. Das Produktkondensat wird im Behälter B2 auf einer Waage gesammelt und zur Massenstrommessung gewogen. Sowohl am Kolonnenkopf als auch im Kolonnensumpf werden ständig Druck und Temperatur gemessen. Um darüber hinaus das Temperaturprofil im Verdampfer zu bestimmen, sind auf fünf Messhöhen je zwei Thermoelemente (Typ K, Ni-CrNi) in einem bzw. zwei Millimeter Tiefe in die Wand des Innenrohrs eingelötet.

Die Beheizung des Innenrohres erfolgt mit gesättigtem Dampf aus einem Siedethermostaten (Fa. GWK, vt12). Als Heizmedien werden Wasser und Chlorbenzol verwendet. Diese werden im Mantelraum kondensiert. Das Mantelrohr hat einen Innendurchmesser von d_i = 101,6 mm, um eine Störung des Kondensats durch Scherkräfte auf Grund hoher Dampfgeschwindigkeiten zu verhindern und die Berechnung des heizseitigen Wärmeübergangs nach VDI-Wärmeatlas für ruhenden Dampf zu ermöglichen. Der Heizdampf tritt am unteren Ende der beheizten Länge in den Mantelraum ein. Das Heizmedium kondensiert an der Außenseite des Innenrohrs wie auch an der Innenseite des Außenrohrs. Dabei wird die Kondensationswärme frei. Das herab rieselnde Kondensat wird am unteren Ende gesammelt, in einen Behälter geleitet und zur Bestimmung des übertragenen Wärmestroms gewogen. Dabei werden je nach Heizmedium 150 - 250 g Kondensat gesammelt, bevor ein Ventil öffnet und das Kondensat zurück zum Siedethermostaten geleitet wird. An der Innenseite des Außenrohrs im Mantelraum gebildetes Kondensat wird getrennt durch ein Bechersystem zum Siedethermostaten zurückgeführt. Die Messwerte werden über einen Zeitraum von mindestens 30 Minuten im stationären Betrieb gemittelt.

Als Versuchsmedien wurden Wasser, Propylenglykol sowie Cyclohexanol verwendet, da letztere im realisierbaren Druck- und Temperaturbereich Viskositäten bis zu 8,15 mPas aufweisen. Wasser wurde als Referenzmedium verwendet, um einen Vergleich mit Literaturdaten zu ermöglichen.

Aus den ermittelten Temperaturen, Massenströmen und Drücken konnte mit Hilfe der Bilanzen und Stoffdaten der Wärmestrom bestimmt werden, der vom Heizmedium an das Produktmedium übertragen wird. Hierzu wurde heizseitig der Massenstrom an Heizdampfkondensat bestimmt. Von diesem Strom ist der Kondensationsenthalpie und die Wärmekapazität bekannt, so dass die von diesem Strom abgegebene Wärme berechnet werden kann. Auf der Produktseite sind der umlaufende Massenstrom sowie dessen Zu- und Ablauftemperatur bekannt. Weiterhin kann der Strom an Produktkondensat bestimmt werden. Mit diesen Informationen ist es möglich, den auf der Produktseite eingetragenen Wärmestrom zu berechnen. Dieser setzt sich aus dem Wärmestrom, der notwendig ist, den Teil des Produktes zu verdampfen, und dem Wärmestrom, der die Erwärmung des Umlaufes bewirkt, zusammen. Aus dem heizseitigen Wärmestrom sowie der gemessenen Temperaturdifferenz kann dann der Wärmeübergang vom Heiz- zum Produktmedium berechnet werden. Zusätzlich wird die produktseitige Nusselt-Zahl bestimmt, um einen Vergleich mit Literaturdaten zu ermöglichen.

Als zweite Anlage wurde eine unbeheizte Apparatur für fluiddynamische Untersuchungen aufgebaut. Bei diesem wurde ein durchsichtiges Rohr aus Polymethylmethacrylat (PMMA). In diesem Rohr wurde, analog zum Fallfilmverdampfer, jedoch ohne Beheizung und somit ohne Verdampfung, ein Wasser-Polyvinylpyrrolidon-Gemisch (PVP) eingesetzt. Durch Variation des PVP-Anteils kann die Viskosität eingestellt werden, ohne dass sich die anderen Stoffwerte signifikant ändern. Zusätzlich wurde Natriumfloureszein zugegeben, um die Sichtbarkeit des Filmes zu verbessern. Der sich ausbildende Film wurde mittels einer Digitalkamera dokumentiert und die Bilder anschließend ausgewertet. Dazu ist hinter dem Rohr ein Millimeterpapier angebracht, welches mit regelmäßigen Linien im Abstand von 2 cm markiert ist. Die Bilder wurden danach computergestützt ausgewertet, um die letzte sichtbare Linie zu identifizieren, um so Aussagen zur Einlauflänge machen zu können. Zum Ende der fluiddynamischen Einlauflänge nehmen die Wellen immer weiter zu, so dass das Licht gestreut wird und keine geraden Linien mehr detektierbar sind.

In beiden Anlagen wurde zusätzlich die Einlaufgeometrie variiert. Hier kamen ein Glattwehr und ein Turmwehr zum Einsatz. Bei Letzterem kann vermutet werden, dass dieses auf Grund seiner Geometrie eine höhere Turbulenz in den Film einträgt als das Glattwehr. Die Auswirkungen auf den Wärmeübergang und die optisch sichtbare Filmstruktur wurden ermittelt und mit den bestehenden Gleichungen verglichen.

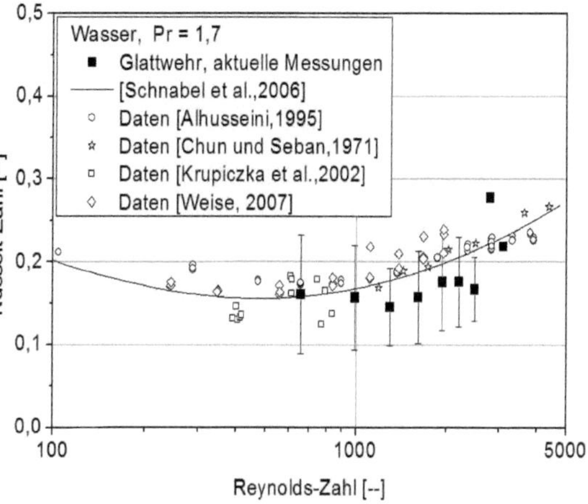

Abb. 5.4: Messungen mit Wasser bei Pr = 1,7 (T_S = 100 °C, η= 0,28 mPas); Filmaufgabe: Glattwehr; Fehlerbalken: Standardabweichungen der Wiederholungsmessungen

Zunächst wurden die Messungen mit Wasser zur Kalibrierung der Anlage und zur Überprüfung der Methodik durchgeführt. In Abb. 5.4 sind exemplarisch die Ergebnisse einer Versuchsreihe dargestellt. Hierbei ist zu erkennen, dass die Messungen im Rahmen der Messgenauigkeit mit den vorhandenen Daten übereinstimmen, wobei die eigenen Messungen die Nusselt-Zahl im Vergleich mit den Literaturangaben etwas unterschätzen.

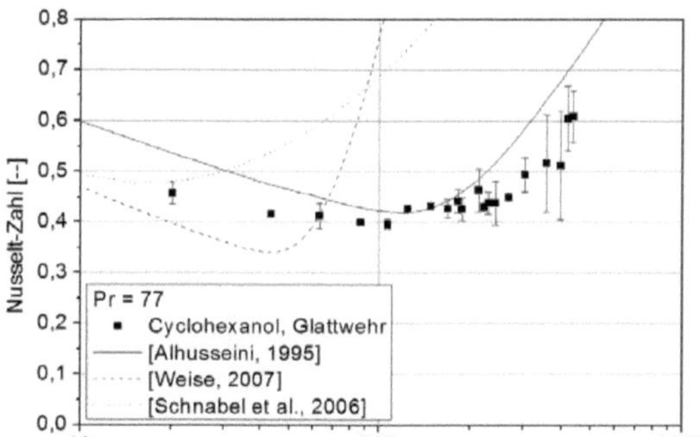

Abb. 5.5: Messergebnisse für Cyclohexanol bei Pr = 77 (Ts = 80 °C, η = 3;8 mPas); Filmaufgabe: Glattwehr; Fehlerbalken: Standardabweichung der Wiederholungsmessungen

Anschließend wurden Messungen mit Cyclohexanol und Propylenglykol durchgeführt. In Abb. 5.5 sind exemplarisch die Versuchsergebnisse für Cyclohexanol sowie eine Einordnung der Messwerte zu den Modellen nach Alhusseini, Weise und Schnabel et al. dargestellt. Es ist zu erkennen, dass die Messergebnisse am ehesten mit dem Modell nach Alhusseini übereinstimmen, allerdings nicht gut mit

Weise oder Schnabel et al. beschrieben werden können, da diese den Anstieg der Nusselt-Zahl bereits bei kleineren Reynolds-Zahlen vorhersagen.

Ein Vergleich der beiden Aufgabesysteme in Abb. 5.6 zeigt, dass der Einsatz eines Turmwehres für Berieselungsdichten oberhalb von 0,75 kg*(m*s)$^{-1}$ zu höheren Nusselt-Zahlen führt (obere Abb.). Weiterhin ist zu erkennen, dass sich der beobachtete wellenfreie fluiddynamische Einlaufbereich mit Variation der Berieselungsdichte ändert (untere Abb.), diese Änderung jedoch nicht direkt auf dem Wärmeübergang, also die Nusselt-Zahl, übertragbar ist, da der Umschlagspunkt für die Einlauflänge und die Nusselt-Zahl bei unterschiedlichen Reynolds-Zahlen liegen. Hier sind weitere Experimente notwendig, um alle Einflussgrößen zu bestimmen.

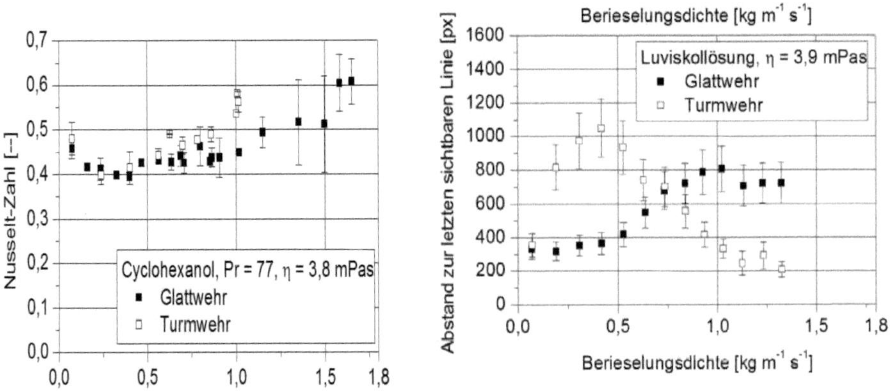

Abb. 5.6: Vergleich von Fluiddynamik und Wärmeübergang bei η = 3;9 mPas

Modellierung

Abb. 5.7: Vergleich der Modellwerte mit den experimentell ermittelten Wärmeübergangskoeffizienten; Glattwehr

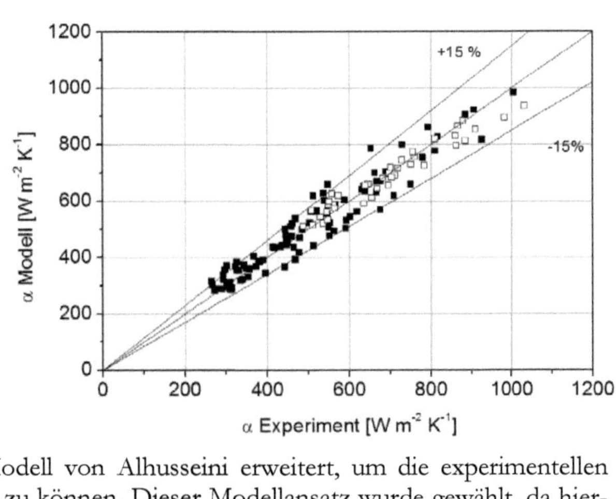

Schließlich wurde das Modell von Alhusseini erweitert, um die experimentellen Daten besser reflektieren zu können. Dieser Modellansatz wurde gewählt, da hierbei der Verlauf recht gut wiedergegeben werden kann, jedoch eine Verschiebung zu beobachten ist. Es war notwendig, zwischen Turm- und Glattwehr zu unterscheiden, daher wurden jeweils entsprechende Faktoren und Exponenten für die Nusselt-Beziehungen gewählt. Unter Verwendung dieser Geometrieparameter sowie einer Isolierung der Einflussgrößen der Messfluide und der Anlagengeometrie konnten die Messergebnisse mit dem Modell in guter Näherung wiedergegeben werden, wie in Abb. 5.7 exemplarisch für das Glattwehr dargestellt ist. Mit diesem Modell können alle Messungen mit einer Abweichung von maximal ± 15 % vom experimentellen Wert dargestellt werden.

Zusammenfassung

In dieser Arbeit wurde die Fallfilmverdampfung viskoser Reinstoffe untersucht. Hierbei wurde einerseits der Wärmeübergang im beheizten Fallfilm betrachtet, andererseits die Fluiddynamik im unbeheizten Rohr. Die Ergebnisse erweitern die Datenbasis für die Verdampfung von Reinstoffen in den höherviskosen Bereich und ermöglichen die Identifikation von Einflussgrößen und Abhängigkeiten auf den Film. Für die untersuchten niedrigviskosen Stoffe wurde eine gute Übereinstimmung mit den Gleichungen des VDI Wärmeatlas für den Wärmeübergang gefunden. Für höherviskose Reinstoffe überschätzen die Gleichungen zur Berechnung der Nusselt-Zahl die experimentellen Werte. Als Fazit sind daher folgende Aussagen zu treffen:

Durch die Messung des Wärmeübergangskoeffizienten bei Prandtl-Zahlen von $1{,}7 < Pr < 155$ in einem Edelstahl-Fallfilmverdampfer konnte die Datenbasis im technisch relevanten Bereich deutlich erhöht werden.

- Die bisher vorhandenen Berechnungsgleichungen beschreiben die ermittelten Wärmeübergangskoeffizienten unzureichend, tendenziell überschätzen sie diese.
- Die Geometrie der Anlage, insbesondere die Filmaufgabe und die beheizte Länge, haben in diesem Längenbereich einen signifikanten Einfluss auf den integralen Wärmeübergangskoeffizienten.
- Im Bereich nach der Filmaufgabe bildet sich eine wellenfreie Zone, deren Länge durch die Berieselungsdichte, die Viskosität des Produktes sowie die Geometrie der Filmaufgabe beeinflusst werden kann.
- Eine stoffunabhängige Modellierung ist möglich, wenn die Einflussgrößen identifiziert und getrennt betrachtet werden.

Dieses Forschungsprojekt wurde von der Deutschen Forschungsgemeinschaft (DFG) gefördert.

5.3 Konvektiver Wärmetransport an mikrostrukturierten Oberflächen

(Dissertation von Dr.-Ing. Katharina Jasch)

1. Bericht: Prof. Dr.-Ing. Stephan Scholl
2. Bericht: PD Dr.-Ing. habil. Jürgen Brandner, KIT

Problemstellung

Eines der ersten Anwendungsgebiete, in denen mikrofluidische und strukturierte Bauteile eingesetzt wurden, ist die Mikroelektronik. Die hohen Leistungsdichten elektronischer Bauteile, die gegenwärtig bis zu 100 W cm^{-2} betragen und zukünftig auf bis zu 1000 W cm^{-2} steigen werden, erfordern entsprechend hohe Kühlraten, um den uneingeschränkten Betrieb des Bauteils zu gewährleisten. Aufgrund der hohen Wärmetransportkoeffzienten und der kompakten Bauweise werden bevorzugt mikrostrukturierte Komponenten zur Kühlung verwendet. Vor dem Hintergrund der Prozessintensivierung liegt es nahe, die thermischen Eigenschaften von mikrofluidischen Komponenten, die zur effizienten Kühlung und Aufheizung eingesetzt werden, durch eine Strukturierung der Übertragungsflächen weiter zu verbessern. Der ohnehin erhöhte Reibungsverlust in kleinen Kanälen wird durch die Strukturierung der Austauschflächen jedoch nochmals verstärkt und beeinflusst den energetischen Wirkungsgrad des Bauteils entscheidend.

Ein Ziel der vorliegenden Arbeit ist die Bewertung von mikrostrukturierten Oberflächen im Hinblick auf eine Wärmetransportverbesserung, um eine exakte und verlässliche Auslegung strukturierter Wärmeübertrager zu ermöglichen. Neben der eigentlichen Wärmeübergangsverbesserung wird auch die gesamtheitliche Güte der Energieübertragung anhand der irreversiblen Entropieerhöhung betrachtet. Eine bekannte Größe, mit dem das Potential rauer Oberflächen, die Wärmeübertragung zu verbessern, quantifiziert wird, ist die thermische Effizienz, das Verhältnis aus Wärmeübergangsverbesserung und Druckverlusterhöhung. Als weiteres Kriterium wird die entropische Effizienz eingeführt, um die strukturierten Oberflächen im Hinblick auf eine Minimierung der Entropieproduktion zu vergleichen und zu bewerten. Auf Grundlage des 2. Hauptsatzes der Thermodynamik ergibt sich, dass bei dem Wärmetransport von einer überströmten, beheizten Wand in das Fluid die Entropie in dem System erhöht wird. Einerseits wird der ohnehin bei einem Wärmetransport einhergehende Entropiestrom durch den Energietransport über finite Temperaturdifferenzen erhöht, da der Wärmeleitwiderstand innerhalb des Fluids überwunden werden muss. Andererseits bewirkt die Fluidreibung bei der Überströmung der beheizten Wand eine teilweise Umwandlung von mechanischer in thermische Energie, so dass ein zusätzlicher Energieeintrag mit entsprechendem Entropiestrom in das System stattfindet. Da die Entropieproduktion aufgrund jener irreversibler Vorgänge proportional zum Exergieverlust ist, kann anhand der irreversiblen Entropieerhöhung der Wertverlust der Gesamtenergie und letztendlich der Primärenergiebedarf quantifiziert werden.

Die thermische Effizienz einer Oberfläche kann mittels experimenteller Messungen bestimmt werden. Für die Berechnung der spezifischen

Entropieproduktionsraten ist hingegen die diskrete Auflösung des Temperatur- und Geschwindigkeitsfeldes innerhalb des durchströmten Kanals erforderlich. Es werden daher sowohl experimentelle Untersuchungen als auch numerische Berechnungen mittels CFD-Simulation (Computational Fluid Dynamics) durchgeführt, um verschieden strukturierte Wärmeübertragungsflächen zu bewerten.

Untersuchungsmethoden und Ergebnisse

Zur Messung des Wärmeübergangskoeffizienten und des Druckverlusts an strukturierten Oberflächen wurde die in Abb. 5.8 dargestellte modulare Kanalkonstruktion entwickelt.

Durch die Messung der Heizblocktemperaturen werden lokale Wärmestromdichten entlang des Kanals berechnet, mit denen der Verlauf des Wärmeübergangskoeffizienten in Strömungsrichtung angenähert werden kann. Mit dem Testfluid Wasser wurden Volumenströme zwischen 4 und 90 L h^{-1} realisiert. Daraus resultierten für die untersuchten Kanalgeometrien (Kanalhöhen von 0,3, 0,5 und 2 mm) Strömungsgeschwindigkeiten von 0,05 – 3 m s^{-1}. Unter Einbeziehung der temperaturabhängigen Stoffeigenschaften konnten Reynolds-Zahlen 230 $\leq Re \leq$ 2600 realisiert werden. Durch einen Vergleich der Nusselt-Zahlen und Reibungskoeffizienten für glatte und raue Oberflächen kann die thermische Effizienz mit $\eta = (Nu_{rau}/Nu_{glatt})/(\lambda_{rau}/\lambda_{glatt})$ der strukturierten Oberflächen ermittelt werden.

Für die CFD-Simulation wurden vergleichbare Geometrien erstellt und die Strömung sowie der Wärmetransport mit dem CFD-Löser Fluent® berechnet.

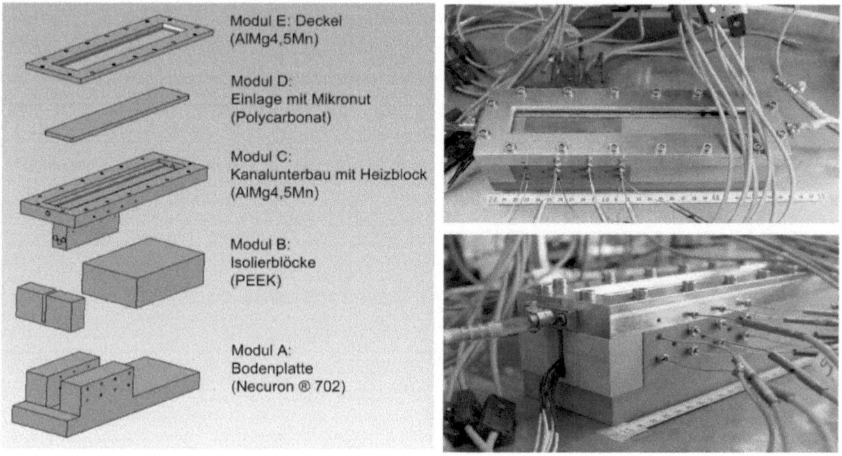

Abb. 5.8: Schema des beheizbaren Strömungskanals (links) und realer Kanal im zusammengebauten Zustand (rechts)

Auf Basis des diskret aufgelösten Geschwindigkeits- und Temperaturfeldes wurde die Entropieerhöhung infolge von Wärmeleitung und Dissipation berechnet und aus der Summe beider Anteile die gesamte Entropie, die aufgrund von Irreversibilitäten bei dem Energietransport in Form von Wärme in dem System erhöht wird, ermittelt.

Neben CFD-Parameterstudien an 2-dimensionalen Strukturen in der Form von rechteckförmigen Rippen wurde zudem der Wärmetransport an 3-dimensionalen Strukturen untersucht. Bei 3-dimensionalen Strukturformen handelt es sich um gleichmäßig verteilte Erhebungen, die versetzt zueinander angeordnet sind. Abb. 5.9 zeigt die untersuchten Würfelstrukturen (Kantenlänge 0,1 mm) und einen Ausschnitt einer strukturierten Heizfläche.

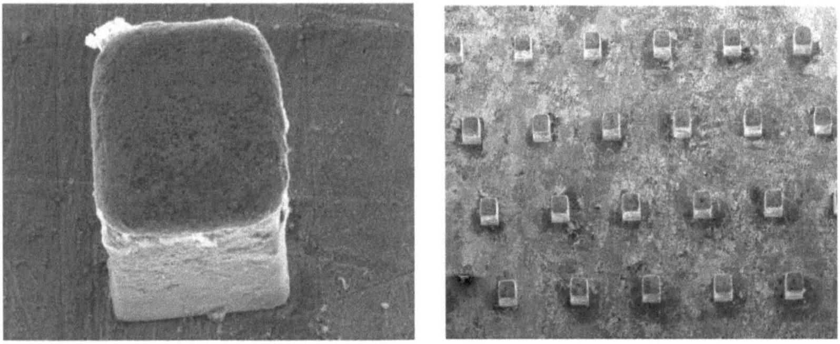

Abb. 5.9: REM-Aufnahmen der mit Kupfer-würfel strukturierten Oberflächen

Die Gegenüberstellung von Experiment und Simulation ergab bis Re = 2600 eine gute Übereinstimmung, so dass die gewählten Randbedingungen und Berechnungsgitter für weiterführende CFD-Parameterstudien verwendet wurden. Erste Untersuchungen, bei denen der Bedeckungsgrad einer Heizfläche, d. h. der prozentuale Flächenanteil, der mit Würfelstrukturen bedeckt ist, zwischen 3 % und 17 % variiert wurde, zeigten, dass mit der höchsten Bedeckung die Wärmeübergangsverbesserung die Druckverlusterhöhung um maximal 10 % übersteigt.

Durch die Strukturierung der glatten Referenzheizfläche ist die Innenfläche eines strukturierten Kanals im Vergleich zu der des glatten Kanals vergrößert. Um den Einfluss eines variierenden Bedeckungsgrades auch unabhängig von der Größe der Wärmeübertragungsfläche zu betrachten, wurden weitere Geometrien untersucht. Ausgehend von einer glatten Heizfläche wurden die Heizflächen entsprechend ihres Bedeckungsgrades verkürzt. Sowohl der glatte Referenzkanal als auch alle strukturierten Kanäle besitzen nun die gleiche Wärmeübertragungsfläche. Bei Beibehaltung der Kanalbreite ist dann die Heizfläche mit dem größten Bedeckungsgrad am kürzesten und die des glatten Kanals am längsten (siehe Abb. 5.10).

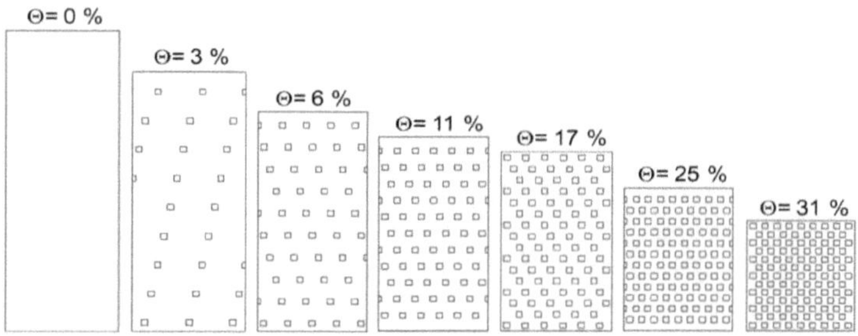

Abb. 5.10: Strukturierte Oberflächen mit konstanter Wärmeübertragungsfläche und unterschiedlichem Bedeckungsgrad

Für die in Abb. 5.10 dargestellten Oberflächen sind in Abb. 5.11 die Verläufe des thermischen Wirkungskoeffizienten Nu_{rau}/Nu_{glatt} für unterschiedliche Reynolds-Zahlen in Abhängigkeit des Bedeckungsgrades dargestellt. Die Auftragung verdeutlicht, dass ein Bedeckungsgrad von 25 % optimal ist, um den Wärmetransport im Vergleich zu einer glatten Oberfläche zu steigern. Mit weiterer Erhöhung des Bedeckungsgrades sinkt die Steigerungsrate, da die kleiner werdenden Abstände zwischen den Erhebungen zu einem geringeren Energieaustausch zwischen Wand und Fluid führen. Es konnte somit gezeigt werden, dass trotz einer konstanten Wärmeübertragungsfläche der Energietransport von einer strukturierten Oberfläche im Vergleich zu einer glatten Heizfläche verbessert werden kann.

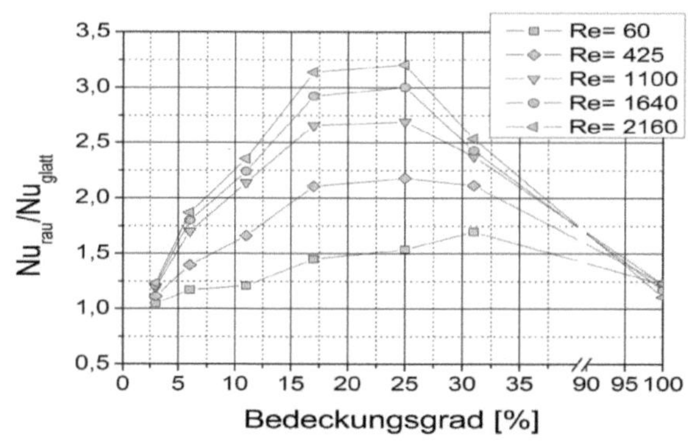

Abb. 5.11: Thermischer Wirkungskoeffizient als Funktion des Bedeckungsgrades

Zudem zeigen die Ergebnisse, dass auch unter laminaren Strömungsbedingungen eine maßgebliche Verbesserung des Wärmetransports erzielt werden kann. Unter Berücksichtigung des Druckverlustanstiegs, der durch die Verkürzung der strukturierten Heizfläche nicht mehr stetig mit zunehmendem Bedeckungsgrad ansteigt, resultieren für die thermische Effizienz die in Abb. 5.12 dargestellten Verläufe. Es zeigt sich, dass auch die thermische Effizienz einer Optimumskurve folgt. Aufgrund der maximalen Wärmeübergangssteigerung für Bedeckungsgrade

$25\ \% \leq \Theta \leq 31\ \%$ und den verringerten Druckverlustanstiegen für $\Theta > 17\ \%$ stellen die erst genannten Bedeckungsgrade eine optimale Strukturierung dar, um die thermische Effizienz zu maximieren. Zusammenfassend kann festgestellt werden, dass die thermischen und fluiddynamischen Eigenschaften durch die Strukturierung eines glatten Kanals unter laminaren Bedingungen um bis zu 20 % verbessert werden können. Mit Bedeckungsgraden $\Theta \leq 11\ \%$ steigt die thermische Effizienz nicht über $\eta = 1$. Bei diesen Strukturierungen reicht die Verbesserung der Wärmeübertragung durch eine intensivere Quervermischung nicht aus, um den Druckverlustanstieg zu kompensieren.

Abb. 5.12: Thermische Effizienz als Funktion des Bedeckungsgrades

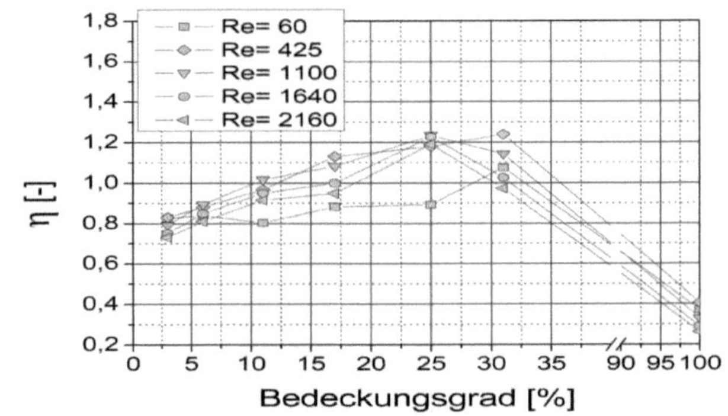

Abb. 5.13: Summe der produzierten Entropie für unterschiedliche Bedeckungsgrade

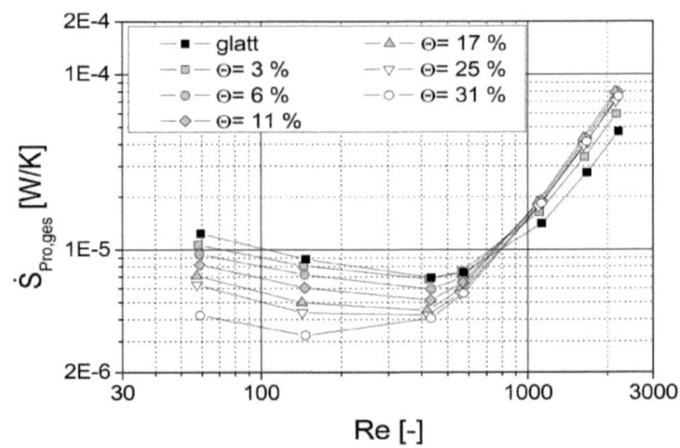

Dass die strukturierten Kanäle mit Bedeckungsgraden zwischen 25 % und 31 % gute thermische und fluiddynamische Eigenschaften aufweisen, lässt sich auch anhand der Entropieproduktionsströme veranschaulichen. Trägt man, wie in Abb. 5.13 dargestellt, die Summe der Entropieproduktionsanteile als Funktion der Reynolds-Zahl auf, zeigt sich, dass für $Re < 1000$ die Entropieproduktion durch die Strukturierung der Heizfläche signifikant verringert wird. Weiterhin kann der Verlust an nutzbarer Energie mit einer strukturierten Oberfläche unter laminaren Bedingungen reduziert werden. Mit Erhöhung der Reynolds-Zahl steigt die Entropie in der Summe an und über Re = 1000 ist die in einem glatten Kanal produzierte Entropie geringer als die in strukturierten Kanälen. Die gewählten Strukturen sind demzufolge unter laminaren Bedingungen effizient.

Durch die Auftragung der Bejan-Zahl, dem Verhältnis aus der durch Wärmeleitung hervorgehenden Entropie und der Summe der irreversiblen Entropieproduktion, über der Reynolds-Zahl (siehe Abb. 5.14) kann ermittelt werden, unter welchen Strömungsbedingungen eine Strukturierung zu einer effizienten Minderung des Wärmeleitwiderstands beiträgt. Bei einer Reynolds-Zahl von Re = 360 ergibt sich für die Strukturierung mit dem größten Bedeckungsgrad eine Kennzahl von Be = 0,5. In diesem Fall tragen die Entropieproduktion aufgrund von Wärmeleitung und Dissipation in gleichen Teilen zur Gesamtproduktion bei. In einem glatten Kanal hingegen überwiegt der Anteil, der durch Wärmeleitung im Fluid entsteht. Daraus lässt sich schließen, dass durch die Oberflächenstrukturierung die Entropieproduktion aufgrund von Wärmeleitung verringert und somit die Wärmeübertragung unter laminaren Bedingungen verbessert wird.

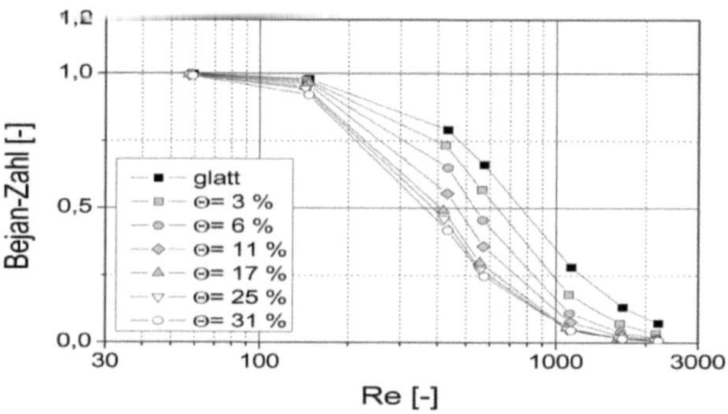

Abb. 5.14: Bejan-Zahl als Funktion der Reynolds-Zahl für unterschiedliche Bedeckungsgrade

Die Bildung der entropischen Effizienz, bei der die Summe der produzierten Entropie eines glatten Kanals auf die Summe der produzierten Entropie eines strukturierten Kanals bezogen wird, zeigt, dass bei Reynolds-Zahlen Re < 200 die Entropieminderung am größten ist (siehe Abb. 5.15). Dass der Anteil der konduktiv produzierten Entropie bei geringen Reynolds-Zahlen zum größten Teil zur Gesamtproduktion beiträgt, konnte aus der Auftragung der Bejan-Zahl über der Reynolds-Zahl in Abb. 5.14 abgeleitet werden. Die Reduzierung der konduktiv produzierten Entropie hat demzufolge unter laminaren Verhältnissen bis zu einer kritischen Reynolds-Zahl, die wiederum vom Bedeckungsgrad abhängt, mehr Gewicht als die Erhöhung der dissipativ produzierten Entropie. Aus Abb. 5.15 geht weiterhin hervor, dass wie bereits bei der thermischen Effizienz ein Maximum zwischen einer Bedeckung von 25 % und 31 % existiert, welches auf eine optimale Bedeckung schließen lässt.

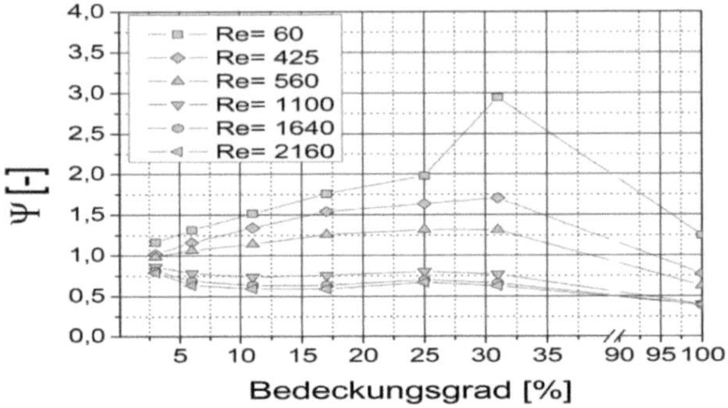

Abb. 5.15: Entropische Effizienz als Funktion des Bedeckungsgrades

Zusammenfassung

In der vorliegenden Arbeit wurde der einphasige, konvektive Wärmetransport in Kanälen mit mikrostrukturierten Heizflächen experimentell und mittels numerischer CFD-Simulation untersucht. Die betrachteten Strukturen, die über eine definierte Form und Abmessung verfügen, wurden im Hinblick auf ihr Potential, den konvektiven Wärmetransport zu verbessern und die Entropieproduktion zu reduzieren, bewertet.

Bei der experimentellen und numerischen Bestimmung des thermischen Effizienzkriteriums für Heizflächen mit unterschiedlichen Bedeckungsgraden zwischen $\Theta = 3\ \%$ und $\Theta = 17\ \%$ zeigte sich, dass ausschließlich unter laminaren Strömungsbedingungen ($200 < Re < 2000$) die Wärmeübergangsverbesserung die Erhöhung des Reibungsverlusts bei versetzt zueinander angeordneten Würfelstrukturen übersteigt. Des weiteren wurde festgestellt, dass die Heizfläche mit einem Bedeckungsgrad von $\Theta = 17\ \%$ die höchste thermische Effizienz erzielt. Inwiefern die Oberflächenvergrößerung, die mit steigendem Bedeckungsgrad einhergeht, dazu beiträgt, den Wärmetransport zu verbessern, wurde anhand von weiteren Oberflächen untersucht, deren Bedeckungsgrad bei gleichbleibender Wärmeübertragungsfläche verändert wurde.

Die Berechnungen des thermischen Wirkungskoeffizienten und der konduktiven Entropieproduktionsrate ergaben, dass die Wärmeübertragung durch eine Strukturierung der Kanäle im Vergleich zu einem glatten Kanal, der die gleiche Wärmeübertragungsfläche aufweist, ausschließlich unter laminaren Bedingungen maßgeblich verbessert werden kann. Unter Einbeziehung der Erhöhung des Reibungsverlusts zeigte sich, dass ein optimaler Bedeckungsgrad zwischen 25 % und 31 % existiert, mit dem die thermische und entropische Effizienz maximal gesteigert werden kann. Ferner ist es gelungen zu zeigen, dass durch die CFD-Simulation ein weiterer Ansatz zur Bewertung der Effizienz von Strukturierungen zugänglich ist, mit dem die Auslegung strukturierter Kanäle im Hinblick auf eine Minderung der irreversiblen Entropieproduktion und letztendlich im Hinblick auf einen verringerten Verlust an nutzbarer Energie erfolgen kann. Die differenzierte Betrachtung der Entropieproduktionsraten anhand der Bejan-Zahl hat ergeben, dass versetzt zueinander angeordnete Strukturen für Be > 0,5 und Re < 2100 zu einer maßgeblichen Reduzierung des Wärmeleitwiderstands beitragen. Da sich unter laminaren Bedingungen eine Änderung der dissipativen Entropieproduktion nur geringfügig auf die Summe der produzierten Entropie auswirkt und die Reduzierung der konduktiven Entropieproduktion um ein Vielfaches überwiegt, kann die in einem strukturierten Kanal produzierte Entropie im Vergleich zu einem glatten Kanal unter laminaren Bedingungen maßgeblich vermindert werden.

Insgesamt konnte gezeigt werden, dass eine Strukturierung der wärmeübertragenden Flächen mit versetzten Strukturen eine geeignete Methode ist, den einphasigen, konvektiven Wärmetransport in miniaturisierten Bauteilen, für die laminare Strömungsverhältnisse charakteristisch sind, effizient zu steigern.

5.4 Einsatz ionischer Fluide als Katalysator in der homogenen Reaktivdestillation

(Dissertation von Dr.-Ing. Jan Christopher Kuschnerow)

1. Bericht: Prof. Dr.-Ing. Stephan Scholl
2. Bericht: Prof. Dr. Peter Wasserscheid, FAU Erlangen-Nürnberg

Problemstellung

Die Umesterung ist eine industriell angewandte Reaktion, die in der Herstellung von Lösungsmitteln, Biokraftstoffen und Kunststoffen relevant ist. Schwefelsäure und Alkalilaugen, die als Katalysatoren dienen, müssen anschließend neutralisiert und irreversibel abgetrennt werden. Das führt zu ständigem Verbrauch an Katalysator und Neutralisationsmittel und produziert Abfall. Ionische Flüssigkeiten, engl. „Ionic Liquid“ = „IL“, sind Salze, die unter 100 °C, oft bei Raumtemperatur, flüssig sind und mehrere besondere Eigenschaften aufweisen. Eine diese Eigenschaften ist der für technische Anwendungen irrelevante Dampfdruck. Ionische Flüssigkeiten können zielgerichtet mit gewünschten Eigenschaften versehen werden („Designer Solvents“).

Ziel der Untersuchungen ist die Synthese und Charakterisierung einer IL, die als Katalysator für die Umesterung Verwendung finden kann. Die katalytischen Leistungen des Benchmarkkatalysators Schwefelsäure sollte dabei in etwa erreicht werden. Die IL-katalysierte Umesterung ist in einer scale-up fähigen Miniplantanlage sowohl diskontinuiertlich als auch kontinuierlich durchzuführen. Dabei sind die reaktionstechnischen Kenndaten (Reaktionskinetik, Reaktionsgleichgewicht, mittlere Verweilzeit, Betriebsverhalten des Reaktors) zu bestimmen. Der Katalysator ist auf seine Rezyklierbarkeit hin zu untersuchen. Basierend auf diesen Daten ist eine ökologische und ökonomische Bewertung der IL-katalysierten Umesterung vorzunehmen und mit dem Benchmarkprozess zu vergleichen. Als

Modellreaktion dient die kinetisch gut charakterisierte Umesterung von Butanol mit Ethylacetat, siehe Abb. 5.16.

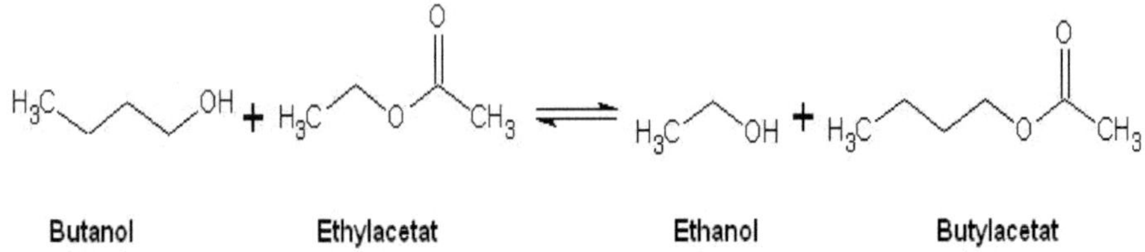

Abb. 5.16: Modellreaktion; Umesterung von Butanol und Ethylacetat

Experimentelle Vorgehensweise und Ergebnisse

Nachdem die Eignung der hydrogensulfatfunktionalisierten IL-Katalysatoren 1-Ethyl-3-methylimidazoliumhydrogensulfat (EMIM-HSO_4) und 1-Butyl-3-ethylimidazoliumhydrogensulfat (BEIM-HSO_4) zur Umesterung festgestellt war, wurden in einer zweiten Projektphase die IL 1-Methyl-3-(4-sulfinoxy)butyl-1H-imidazol-3-iumhydrogensulfat (MIMBS-HSO_4), 1-Methyl-3-(4-sulfinoxy)butyl-1H-imidazol-3-iummethylsulfonat (MIMBS-$MeSO_3$) und 1-Butyl-3-(4-sulfinoxy)butyl-1H-imidazol-3iumhydrogensulfat (BIMBS-HSO_4) getestet. Abbildung 5.17 zeigt anhand der Konzentrationskurve des Produktes Butylacetat, dass die IL EMIM-HSO_4 die katalytische Leistung der Schwefelsäure nicht erreicht. Diese wird von MIMBS-HSO_4 (siehe Abb. 5.18) und den anderen sulfonsäurefunktionalisierten IL erreicht.

Abb. 5.17: Vergleich der sulfonsäurefunktionalisierten IL mit Hydrogensulfat-IL und Schwefelsäure

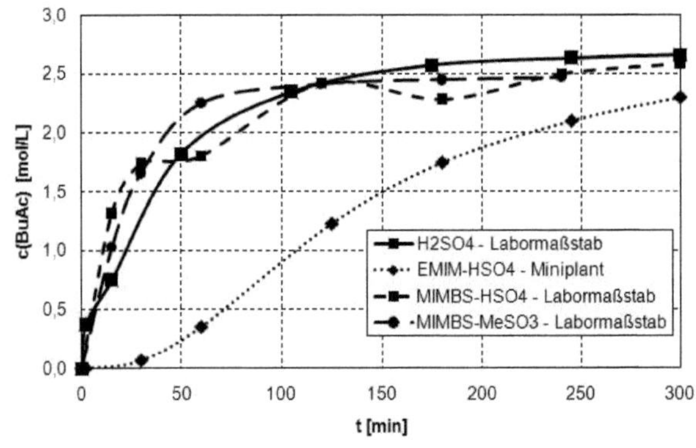

Abb. 5.18:
MIMBS-HSO_4

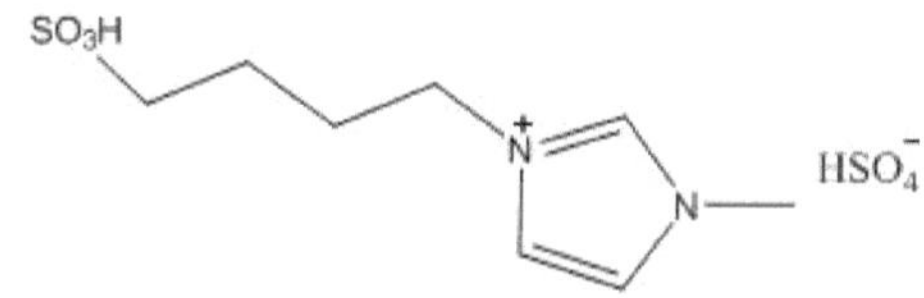

Nach erfolgreicher Durchführung und Charakterisierung der Reaktion im Labormaßstab wurde die Reaktion in eine Miniplant übertragen. Hierzu diente eine scale-up-fähige Miniplantanlage, bestehend aus einem Brüdenabscheider und einem außen liegenden Naturumlaufverdampfer, siehe Abb. 5.19. Die Anlage hat zwei Zuläufe, einen Sumpf- und einen Destillataustrag. Abhängig vom Füllstand ergibt sich ein flüssiges Reaktionsvolumen von ca. 3 L. Die Apparatur ist thermalölbeheizt und am Sumpf- sowie Destillataustrag wassergekühlt. Das Verdampferrohr wird mit 110 °C und der Brüdenabscheider mit 79 °C beheizt. Durch die Verdampfung im Naturumlaufverdampfer kommt es zu einem Umlaufstrom, der für den Wärmeeintrag und eine gute Durchmischung sorgt. Der Umlaufstrom wird mittels Coriolis-Durchflussmesser bestimmt. Daraus kann das Durchmischungsverhalten wie auch die Wärmeübertragung im Verdampfer bewertet werden, siehe Tab. 5.4. Das Verdampferrohr ist aus Edelstahl 1.4571 mit der Geometrie d_a x s x L = 25 x 2 x 800 mm. Der Apparat hat damit eine auf die Außenseite des Rohres bezogene Wärmeübertragungsfläche von $A = 0{,}0628\ m^2$ sowie eine freie Querschnittsfläche von $A_q = 3{,}46 \cdot 10^{-4}\ m^2$. Die Apparatur ist aufgrund ihrer Geometrie und Betriebseigenschaften repräsentativ für industrielle Großanlagen. Die Laborergebnisse konnten in der Miniplant erfolgreich bestätigt werden.

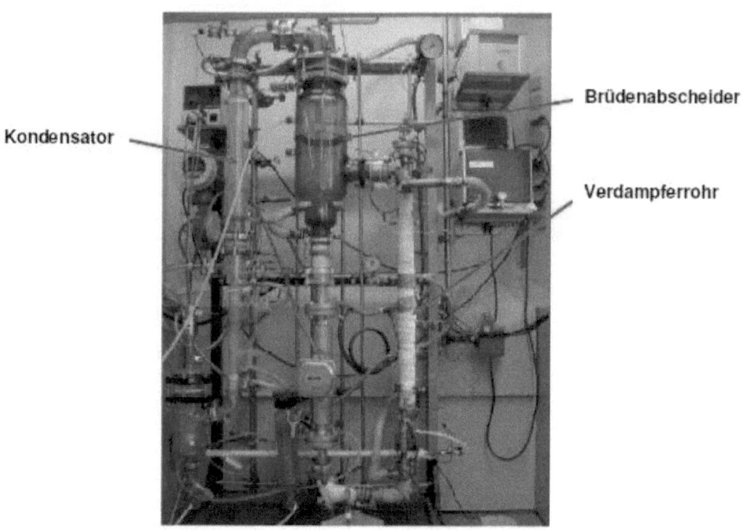

Abb. 5.19:
Miniplantreaktor

Tab. 5.4: Fluiddynamische und wärmetechnische Parameter

$T_{Öl,in}$ [°C]	q [kW m^{-2}]	$w_{VR,ein}$ [m s^{-1}]	$V_{Umlauf}/V_{Reaktion}$ [h^{-1}]
105	Kein Umlauf		
110	1,0	0,22	93
115	2,7	0,30	126
120	4,8	0,37	153

Die Katalysator-ILs MIMBS-HSO_4 und BIMBS-HSO_4 wurden nach der Reaktion durch Verdampfen der Reaktionsmischung rezykliert und erneut als Katalysator eingesetzt. Zwischendurch wurde der Katalysator bei Reaktions- und Recyclingbedingungen (T = 110 °C) in Gegenwart der Reaktanden für eine definierte Zeit gerührt. So war MIMBS-HSO_4 insgesamt 1000 Stunden kumulierter chemischer und thermischer Belastung ausgesetzt, die den Verwendungsbedingungen entsprachen. Die katalytische Leistung war mit der frischen IL vergleichbar, siehe Abb. 5.20. Ähnliches wurde für die IL BIMBS-HSO_4 gefunden, welche nach 250 Stunden ebenfalls mit der frischen IL vergleichbare Katalyseleistungen zeigte . Werden die für einen Reaktionsdurchlauf notwendige mittlere Verweilzeit von 1,25 h und für die Wiedergewinnung 0,75 h angesetzt, ergibt sich eine Gesamtverweilzeit von zwei Stunden pro Zyklus und damit bis zu 500 mögliche Verwendungszyklen. Technische Recyclingversuche im Fallfilmverdampfer haben die für die Wiedergewinnung notwendige Zeit von 0,75 h bestätigt.

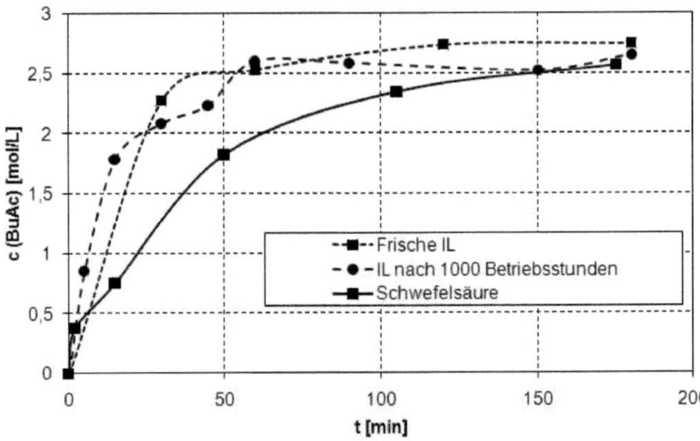

Abb. 5.20: Katalytische Leistung der IL MIMBS-HSO_4 vor und nach der Rezyklierung

Die Reaktion wurde nach den erfolgreichen Batchversuchen kontinuierlich im Miniplantreaktor betrieben. Bei einem Gesamtvolumenstrom von 2,3 L h^{-1} und einem Stoffmengenverhältnis von Ethylacetat zu Butanol von 1,75 : 1 hat sich ein stationärer Zustand eingestellt. Hierbei wurde zunächst die Reaktion im Batchmodus bis zur Gleichgewichtseinstellung und anschließend in kontinuierlicher Weise betrieben. Die Edukte wurden über jeweils einen eigenen Zulauf eingespeist und in der Apparatur vermischt. Der Katalysator wurde dem Edukt Butanol zugemischt. Die Zulaufströme wurden mit Waagen kontrolliert. Mit der sulfonsäurebasierten IL [BIMBS][HSO_4] konnte eine mittlere Verweilzeit von 1,3 h realisiert werden. Zu Beginn des Projektes waren mit der IL [EMIM][HSO_4] noch 2,7 h mittlere Verweilzeit nötig.

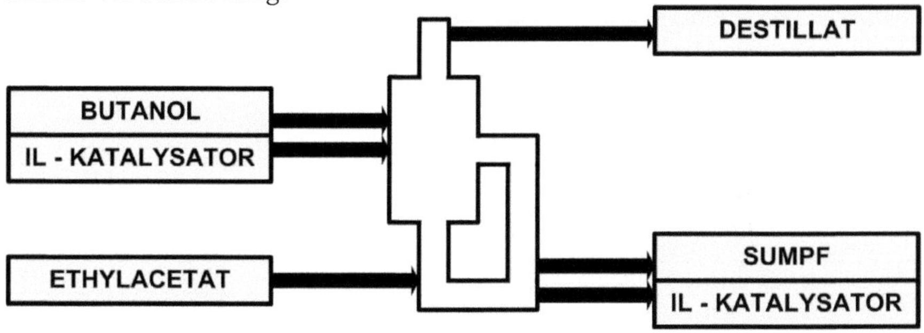

Abb. 5.21: Feed- und Austragsströme im kontinuierlichen Umesterungsprozess

Tab. 5.5: Massenströme der kontinuierlich betriebenen Umesterung

[kg h^{-1}]	Input	Destillat	Sumpf	Output
Ethanol	-	0,09	0,156	0,246
Ethylacetat	1,35	0,37	0,539	0,909
Butanol	0,65	0,018	0,345	0,363
Butylacetat	-	0,02	0,493	0,513
IL	0,18	-	0,18	0,18
Σ	2,18	0,498	1,713	2,21

In Kooperation mit der Firma ifu Hamburg GmbH wurden der H_2SO_4-katalysierte Prozess und das IL katalysierte Neuverfahren ökobilanziell verglichen. Dabei kamen die Methoden Eco-indicator99, die EHS Methode nach Heinzle und die Methode Kumulierter Energieaufwand zum Einsatz. Ziel dieser Untersuchungen war neben der vergleichenden Prozessbewertung die Untersuchung der drei Ökobilanzmethoden auf ihre Eignung für die Bewertung chemischer Prozesse im

Stadium der frühen Verfahrensentwicklung. Dabei haben sich der Ecoindicator99 und das EHS Modell als geeignet erwiesen, das EHS Modell darüberhinaus als das schneller zu beherrschende und durchzuführende Modell, insbesondere wenn noch unsichere und unvollständige Daten über das zu bewertende Zielverfahren vorliegen. Das IL-katalysierte Verfahren ist abfallsparender und bei 20 Recycling-zyklen mit einer höheren CO_2-Produktion verbunden, siehe Tab. 5.6. Weitere Untersuchungen des CO_2-Anfalles ergaben, dass das IL-katalysierte Verfahren ab etwa 130 Verwendungszyklen vorteilhaft ist, siehe Abb. 5.22. Ferner wurde in einer wirtschaftlichen Bewertung des IL-katalysierten Verfahrens die ökonomische Machbarkeit bestätigt.

Tab. 5.6: Ergebnisse der ökologischen Bewertung beider Prozesse

Katalysator		H_2SO_4	IL
Bewertungszahl (Eco-indicator 99) [Punkte $kg_{Produkt}^{-1}$]		0,86	0,95
Umweltbewertungszahl (Sabento®) [UBZ $kg_{Produkt}^{-1}$]		6,18	8,66
Abfallindex (Sabento®) [kg $kg_{Produkt}^{-1}$]		0,03	0,00018
Energieindex (Sabento®) [kJ $kg_{Produkt}^{-1}$]		1281	1607
Kumulierter Energieaufwand (KEA) [kJ $kg_{Produkt}^{-1}$]	Gesamtwert	255800	288700
	KEA erneuerbar	3435	3911
	KEA nicht-erneuerbar	252400	284800

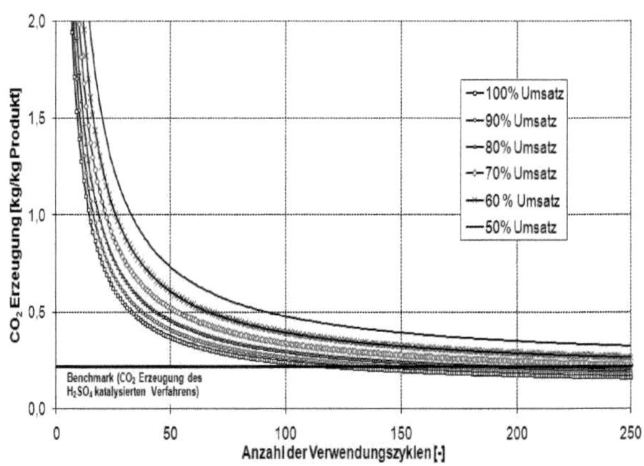

Abb. 5.22: Spezifische CO_2-Erzeugung des Umesterungsprozesses in Abhängigkeit von der Anzahl der Verwendungszyklen des IL Katalysators

Zusammenfassung

Sulfonsäurefunktionalisierte Ionische Flüssigkeiten haben sich als Umesterungskatalysatoren mit ausreichender katalytischer Leistung erwiesen. Die Leistung des Vergleichskatalysators Schwefelsäure wird übertroffen, die der Alkalilaugen nahezu erreicht. Zudem sind die getesteten IL Katalysatoren MIMBS-HSO_4, BIMBS-HSO_4 und MIMBS-$MeSO_3$ weniger korrosiv als Schwefelsäure. Die katalytischen

Leistungen dieser drei ILs unterscheiden sich nicht untereinander. Die im Labormaßstab gewonnenen Ergebnisse konnten in weiteren Versuchen im Miniplantmaßstab bestätigt werden. Der dafür verwendete Reaktor wurde zudem in seinen Betriebsparametern charakterisiert und ist repräsentativ für industrielle Großverfahren. Die IL-katalysierte Umesterung wurde kontinuierlich im Miniplantreaktor durchgeführt, dabei konnte eine mittlere Verweilzeit von 1,3 h realisiert werden. Recyclingversuche haben gezeigt, dass der IL-Katalysator nach 1000 Betriebsstunden noch verwendbar ist. Experimente im Fallfilmverdampfer belegen, dass für eine Rückgewinnung mittels Verdampfung eine mittlere Verweilzeit von 0,75 h anzusetzen ist. Demzufolge entspricht ein Verwendungszyklus zwei Betriebsstunden und die Lebensdauer der IL 500 Verwendungszyklen. In Ökobilanzuntersuchungen konnte ermittelt werden, dass das IL-katalysierte Verfahren weniger Abfall produziert. Um gegenüber dem konventionellen Umesterungsverfahren eine Energieeinsparung zu erzielen, sind mindestens 130 Verwendungszyklen der IL erforderlich. Einer ökonomischen Betrachtung zufolge kann die Umesterung wirtschaftlich betrieben werden. In ersten Reaktivrektifikationsversuchen in einer Kolonne im Labormaßstab konnte die Umesterung mit verbesserter Produktabtrennung durchgeführt werden. In einem kontinuierlichen Versuch wurde in der Reaktionskolonne eine mittlere Verweilzeit von 45 Minuten erreicht.

Teile dieses Projektes wurden von der Deutschen Bundesstiftung Umwelt (DBU) und der Max-Buchner-Forschungsstiftung gefördert.

6 Veröffentlichungen und Vorträge

6.1 Veröffentlichungen

Augustin, W., Fuchs, T., Föste, H., Schöler, M., Majschak, J.-P., Scholl, S.: *Pulsed for the Enhanced Cleaning in Food Processing,*Food Bioprod. Process. 88 (2010) pp. 384-391

Scholl, S., Augustin, W. (Hrsg.): *Albert, F., Grenzflächeneffekte bei der kristallinen Belagbildung auf wärmeübertragenden Flächen,* ICTV-Schriftenreihe Bd. 7, Cuvillier Verlag, Göttingen, Germany, 2010

Scholl, S., Augustin, W. (Hrsg.): *Institut für Chemische und Thermische Verfahrens-technik – Institutsbericht 2009-2010,* ICTV-Schriftenreihe Bd. 8, Cuvillier Verlag, Göttingen, Germany, 2010

Scholl, S., Augustin, W. (Hrsg.): Pratzler, S., *Dynamische-gravimetrische Herstellung von Kalibriergasgemischen am Beispiel der Atemalkohol-Kalibriergase,* ICTV-Schriftenreihe Bd. 9, Cuvillier Verlag, Göttingen, Germany, 2010

Bialuch, I., Bewilogua, K., Augustin, W., Scholl, S.: *Easy-clean surfaces built to order,* Eur. Coat. J. 5 (2011), pp. 24-29

Hammerschmidt, J., Wellner, N., Scholl, S.: *Verdampfen - aber richtig!,* CIT plus 6 (2011), pp.36-37

Kuschnerow, J.C., Wesche, M., Scholl, S.: *Ökobilanzielle Bewertung des Einsatzes rezyklierter ionischer Flüssigkeiten als Umesteuerungskatalysatoren,* Chem. Ing. Tech. 83 (2011), pp. 1582-1589

Geddert, T., Augustin, W., Scholl, S.: *Induction Time in Crystallization Fouling on Heat Transfer Surfaces,* Chem. Eng. Technol. 34 (2011) 8, pp. 1303-1310

Gu, T., Albert, F., Augustin, W., Chew, Y.M.J., Mayer, M., Paterson W.R., Scholl, S., Sheikh, I., Wang, K., Wilson, D. I.: *Application of fluid dynamic gauging to annular test apparatuses for studying fouling and cleaning,* Exp. Therm. Fluid Sci. 35 (2011) 3, pp. 509-520

Holtkamp, M., Scholl, S.: *Downstream Processing for Isomaltose Following a Reaction Integrated Adsorption,* Chem. Ing. Tech. 83 (2011), pp. 191-194

Hammerschmidt, J., Scholl, S.: *Bestimmung von Wärmeübergangskoeffizienten mit Hilfe des Wilson-Plot-Verfahrens,* Chem. Ing. Tech. 83 (2011), pp. 358-364

Wellner, N., Siebeneck, K., Ramunno, M., Wasserscheid, P., Scholl, S.: *Entwässerung ionischer Flüssigkeiten in einem Fallfilmverdampfer,* Chem. Ing. Tech. 83 (2011), pp. 1493-1501

Grundemann, L., Fischer, N., Scholl, S.: *Cleaning waste minimization for multiprod-uct plants: transfering macro batch to micro conti manufacturing,* J. Cleaner Prod. 24 (2012) No. 1, pp. 92-101

Grundemann, L., Fischer, N., Scholl, S.: *Batch production is out, continuous is in,* Eur. Coat. J. 26 (2011), 9, pp.24-29

Grundemann, L., Fischer, N., Scholl, S.: *Mikrokontiproduktion vs Batch: rentabel bei kleinen Mengen,* Farbe und Lack 117 (2011), 8, pp. 24-28

Gu, T., Albert, F., Augustin, W., Scholl, S., Chew, Y.M.J., Paterson, W.R., Sheikh, I., Wang, K., Wilson, D.I.: *Fluid Dynamic Gauging for annular fouling and cleaning test systems*, Heat Transfer Eng. 32 (2011) 3-4, pp. 342-351

Geddert, T., Augustin, W., Scholl, S.: *Influence of Surface Defects and Aging of Coated surface on Fouling Behavior*, Heat Transfer Eng. 32 (2011) 3-4, pp. 300-306

Albert, F., Augustin, W., Scholl, S.: *Roughness and Constriction Effects in Crystallization Fouling*, Chem Eng. Sci. 66 (2011) 3, pp. 499-509

Scholl, S., Augustin, W. (Hrsg.): Kamat, A., *Characterization of the Cathode Behavior in a High Temperature Polymer Electrolyte Membrane Fuel Cell*, ICTV-Schriftenreihe Bd. 10, Cuvillier Verlag, Göttingen, Germany, 2011

Scholl, S., Augustin, W. (Hrsg.): Holtkamp, M., *Optimierte Produktgewinnung und Regeneration bei reaktionsintegrierten Adsorption*, ICTV-Schriftenreihe Bd. 11, Cuvillier Verlag, Göttingen, Germany, 2011

Scholl, S., Augustin, W. (Hrsg.): Saleh, A.S., *Thermodynamische Analyse und Simulation eines automobilen Brennstoffzellen Antriebssystems*, ICTV-Schriftenreihe Bd. 12, Cuvillier Verlag, Göttingen, Germany, 2011

Bucko, J., Mayer, M., Benzinger, W., Augustin, W., Scholl, S., Dittmeyer, R.: *Untersuchungen zum Kristallisationsfouling in mikrostrukturierten Wärmeübertragern*, Chem. Ing. Tech. 84 (2012), pp. 491-502

Mayer, M., Augustin, W., Scholl, S.: *Adhesion of single crystals in crystallization fouling*, J. Cryst. Growth 361 (2012), pp. 152–158

Grundemann, L., Schoenitz, M., Scholl, S.: *Shorter Time-to-market with micro-conti processes*, Chem. Ing. Tech. 84 (2012), 5, pp. 685-693

Augustin , W., Chew Y.M.J., Gordon, P.W., Lister, V.Y., Mayer, M., Paterson, B.R., Peralta, J.-M., Scholl, S., Wilson, I.D.: *Messung von weichen Foulingschichten auf festen und porösen Oberflächen mit dem Fluid Dynamic Gauging*, Chem. Ing. Tech. 84 (2012) pp. 46-53

Mayer, M., Bucko, W., Benzinger, R., Dittmeyer, R., Augustin, W., Scholl, S.: *The impact of crystallization fouling on a microscale heat exchanger*, Exp. Therm. Fluid Sci. 40 (2012), pp. 126-131

Hammerschmidt, J., Scholl, S.: *Experimentelle Untersuchungen zum Einsatz von Drahtgestrickeinbauten und berippten Rohren in Naturumlaufverdampfern*, Chem. Ing. Tech. 84, No. 11, (2012), pp. 1939-1947

Holtkamp, M., Waluga, T., Scholl, S.: *Adsorption properties of glucose and isomaltose on different BEA zeolites*, J. Non-Equilib. Thermodyn. 37, (2012), pp. 247-272

Schöler, M., Föste, H., Helbig, M.,Gottwald, A., Friedrichs, J., Werner, C., Augustin, W., Scholl, S., Majschak, J.-P.: *Local analysis of cleaning mechanisms in CIP processes*, Food Bioprod. Process. (2012), pp. 858-866

Scholl, S., Augustin, W. (Hrsg.): Arndt, S., *Fallfilmverdampfung viskoser Reinstoffe unter Berücksichtigung der Einlaufgeometrie*, ICTV-Schriftenreihe Bd. 13, Cuvillier Verlag, Göttingen 2012

Scholl, S., Augustin, W. (Hrsg.): Jasch K., *Bewertung des konvektiven Wärmetransports und der Effizienz mikrostrukturierter Oberflächen,* ICTV-Schriftenreihe Bd. 14, Cuvillier Verlag, Göttingen 2012

6.2 Vorträge

Scholl, S., Augustin, W., Boxler, C.: *Verfahrenstechnische Ansätze für eine effiziente Reinigung,* 5. MIV-Ideenbörse Forschung, Fulda, 05.-06.11.2008

Schöler, M., Fuchs, T., Augustin, W., Scholl S., Majschak, J.-P.: *Reinigung mittels pulsierender Flüssigkeitsströmung,* Technische Sitzung VDMA-Fachabteilung Sterile Verfahrenstechnik, Frankfurt, 04.12.2009

Jasch, K., Augustin, W., Fehr, S., Bunjes, H., Finke, J. H., Harms, M., Müller-Goymann, C. C., Scholl, S.: *Kontinuierliche Kristallisation fester Lipidnanopartikel in Mikrostrukturen,* ProcessNet-Fachausschuss "Kristallisation", Dortmund, 12.-13.03.2009

Kwade, A., Büttgenbach, S., Klages, C.P., Krull, R., Franco-Lara, E., Müller-Goymann, C.C., Bunjes, H., Radespiel, R., Kähler, C.J., Augustin, W., Scholl, S., Kampen, I.: *Micro Systems for Formulation- and Process-Parameter-Screening,* Proceedings of Jahrestagung 2010 der Deutschen Pharmazeutischen Gesellschaft, Braunschweig, Germany, 04.-07.10.2010

Bunjes, H., Fehr, S., Finke, J., Schur, J., Müller-Goymann, C.C., Lesche, C., Büttgenbach, S., Gothsch, T., Kwade, A., Jasch, K., Huzhalska, V., Augustin, W., Scholl, S.: *Preparation of Lipid Nanoparticles in Micro-strctured Systems,* Proceedings of Jahrestagung 2010 der Deutschen Pharazeutischen Gesellschaft, Braunschweig, Germany, 04.-07.10.2010

Schoenitz, M., Jasch, K., Augustin, W., Huzhalska, V., Kulik, A., Fehr, S., Bunjes, H., Finke, J., Müller-Goymann, C.C., Scholl, S.: *Using Micro Heat Exchangers for Pharmaceutical Applications,* Proceedings of Jahrestagung 2010 der Deutschen Pharmazeutischen Gesellschaft, Braunschweig, Germany, 04.-07.10.2010

Bucko, J., Benzinger, W., Mayer, M., Augustin, W., Scholl, S., Dittmeyer, R.: *Local Temperature Measurement and Optical Investigations in Microstructure Devices,* 2nd European Conference on Microfluidics, Toulouse, France, 08.-10.12.2010

Mayer, M., Bucko, J., Benzinger, W., Dittmeyer R., Augustin, W., Scholl, S.: *Investigation and Visualization of Crystallization Fouling in a Micro Heat Exchanger,* Proceedings of the 2nd European Conference on Microfluidics 2010, Toulouse, France, 08.-10.12.2010

Fehr, S., Huzhalska, V., Augustin, W., Scholl, S., Bunjes, H.: *Investigation on the Influence of Well-defined Cooling Rates on the Crystallization and Polymorphism of Triglyceride Nanoparticles using a Microfluid Approach,* 101st AOCS Annual Meeting, Phoenix, AZ, USA, 16.-19.05.2010

Bucko, J., Benzinger, W., Mayer, M., Augustin, W., Scholl, S., Dittmeyer, R.: *Experimental and CFD Results for Local Temperature Measurement in Micro Structure Devices,* Proceeding of the 2nd European Conference on Microfluidics 2010, Toulouse, France, 2010

Dorn, S., Scholl, S.: *Adsorption - new technology for the purification of used ionic liquids,* 1st International Conference on Ionic Liquids in Separation and Purification Technology, Sitges, Spain, 04.-07.09.2012

Boxler, C., Augustin, W., Scholl, S.: *Enhanced cleaning of whey protein soils from nanocoated surfaces,* 11th International Congress of Engineering and Food, Athens, Greece, 22.-06.05.2011

Kuschnerow, J.C., Titze-Ferch, K., Wasserscheid, P., Scholl, S.: *Miniplant studies of the use of acidic ionic as recycable catalyst for transesterification,* 8th European Congress of Chemical Engineering together with ProcessNet-Annual Meeting, Berlin, Germany, 2011

Köbl, A., Désplantes, V., Grundemann, L., Scholl, S.: *Reaction kinetics of the Villermaux-Dushman Reaction at Concentrations relevant to Mixing Studies in Stirred Tank Reactors,* AIChE Annual Meeting, Minneapolis, USA, 16.-21.10.2011

Hammerschmidt, J., Scholl, S.: *Increased performance of thermosiphon reboilers,* 4th International Conference of Heat and Mass Transfer and Hydrodynamics in Swirling Flows, Moskau, Russia, 18.-20.10.2011

Bialuch, I., Bewilogua, K., Bräuer, G., Geddert, T., Augustin, W., Scholl, S.: *Preparations of hard hydrophobic coatings by plasma assisted deposition techniques,* European Coatings Conference "Easy-to-Clean/Self-Cleaning Coatings III", Berlin, Germany, 08.-09.02.2011

Boxler, C., Augustin, W., Scholl, S.: *Einfluss der Oberflächenmodifikation und der Strömungspulsation beim Molkeproteinfouling in einem Plattenwärmeübertrager,* ProcessNet-Fachausschuss Lebensmittelverfahrenstechnik, Vlaardingen, Niederlande, 22.-24.03.2011

Titze-Frech, K., Kuschnerow, J.C., Schulz, S., Scholl, S, Wasserscheid, P.: *Transesterfication reactions using novel Brönsted acidic ionic liquids,* GDCh Jungchemikerforum Frühjahrssymposium, Erlangen, Germany, 23.-26.03.2011

Mayer, M., Augustin, W., Scholl, S.: *Aufklärung der Induktionsphase beim Kristallisationsfouling,* ProcessNet-Fachausschusse Wärme- und Stoffübertragung, Frankfurt, Germany, 21.-22.03.2011

Föste, F., Schöler, M., Augustin, W., Majschak, J.-P., Scholl, S.: *Optimierung der Reinigung geschlossener Fluidsysteme durch pulsierende Strömung mit Hilfe eines validierten CFD-Modells,* Jahrestreffen des ProcessNet-Fachausschusses Lebensmittelverfahrenstechnik, Vlaardingen, Niederlande, 23.-24.03.2011

Titze-Frech, K., Kuschnerow, J.C., Schulz, P., Scholl, S., Wasserscheid, P.: *Transesterification in Novel Brönsted acidic ionic liquids for biofuel production,* 44. Jahrestreffen Deutscher Katalytiker und Jahrestreffen Reaktionstechnik, Weimar, Germany, 2011

Kuschnerow, J.C., Titze-Frech, K., Wasserscheid, P., Scholl, S.: *Application of Ionic Liquids as homogeneous catalyst for the transesterification in miniplant scale,* 44. Jahrestreffen Deutscher Katalytiker und Jahrestreffen Reaktionstechnik, Weimar, Germany, 2011

Kuschnerow, J.C., Titze-Frech, K., Wasserscheid, P., Scholl, S.: *Untersuchungen der homogenen katalysierten Umesterung in einem scale-up fähigen Miniplant - Naturumlaufverdampfer,* Jahrestreffen der ProcessNet-Fachausschüsse Extraktion, Fluidverfahrenstechnik, Mehrphasenströmung und Phytoextrakte - Produkte und Prozesse, Fulda, Germany, 2011

Goedecke, R., Albert, F., Augustin, W., Scholl, S.: *Messung lokaler Foulingwiderstände in einem Doppelrohrwärmeübertrager mit und ohne Einbauten,* ProzessNet-Fachausschuss Wärme- und Stoffübertragung, Frankfurt, Germany 21.-22.03.2011

Föste, H., Schöler, M., Majschak, J.-P., Augustin, W., Scholl., S.: *Optimization of the cleaning efficiency by pulsed flow using an experimentally validated CFD model,* 11th International Congress on Engineering and Food, Athens, Greece, 22.-26.05.2011

Schöler, M., Föste, H., Augustin, W., Scholl, S., Majschak, J.-P.: *Local analysis of cleaning mechanisms in CIP processes,* 11th International Congress on Engineering and Food, Athens, Greece, 22.-26.05.2011

Boxler, C., Kaup, F., Teixeira, R., Pereira, R., Mendes, J., Melo, L., Augustin, W., Scholl, S.: *On-line monitoring of deposition and removal milk salts on coated surfaces,* Proceedings of 9th Int. Conf. on Heat Exchanger Fouling and Cleaning 2011, Crete, Greece, 05.-10.06.2011, pp. 414-420

Mayer, M., Augustin, W., Scholl, S.: *Experimental study of the adhesion of single crystals on modified surfaces in crystallization fouling,* Proceedings of 9th Int. Conf. on Heat Exchanger Fouling and Cleaning 2011, Crete, Greece, 05.-10.06.2011, pp. 235-242

Lister, V.Y., Augustin, W., Chew, Y.M.J., Gordon, P.W., Kvarngren, A.E., Mayer, M., Paterson, W.R., Peralta, J.-M., v. Uytvanck, P., Wilson, D.I., Scholl, S.: *Dynamic Gauging of soft Fouling Layers on Solid and Porous Surfaces,* Proceeding of 9th Int. Conf. on Heat Exchanger Fouling and Cleaning 2011, Crete, Greece, 05.-10.06.2011, pp. 399-406

Mayer, M., Bucko, W., Benzinger, R., Dittmeyer, R., Augustin, W., Scholl, S.: *Optical and Thermal Investigations of Crystallization Fouling in a Micro Heat Exchanger,* Proceedings of 9th Int. Conf. on Heat Exchanger Fouling and Cleaning 2011, Crete, Greece, 05.-10.06.2011, pp. 168-173

Bucko, J., Mayer, M., Benzinger, W., Augustin, W., Dittmeyer, R., Scholl, S.: *Influence of Deposits by Crystallization Fouling in Micro Channels on the Thermal Performance of Micro Heat Exchangers,* ASME 2011 9th International Conference on Nanochannels, Microchannels and Minichannels, Edmonton, Canada, 19.-22.06.2011

Föste, H., Schöler, M., Majschak, J.-P., Augustin, W., Scholl, S.: *Modeling and Validation the Mechanism of Pulsed Flow Cleaning,* Proceedings of 9th Int. Conf. on Heat Exchanger Fouling and Cleaning 2011, Crete, Greece, 05.-10.06.2011, pp. 315-321

Schöler, M., Gordon, P.W., Föste, H., Mauermann, M., Chew, Y.M.J., Augustin, W., Scholl, S., Wilson, D.I., Majschak, J.-P.: *Influence of Surface Topography of Cohesive Soil Layers on their Removal Kientics in CIP Processes,* Proceedings of International Conference on Heat Exchanger Fouling and Cleaning, Grete, Greece, 05.-10.06.2011

Woo, M.W., Föste, H., Augustin, W., Scholl, S., Chen, X.D.: *Capturing the crystallization deposition and removal phenomenon via computational fluid dynamics – dynamic meshing approach,* Proceedings of International Conference on Heat Exchanger Fouling and Cleaning 2011, Crete, Greece, 05.-10.06.2011

Grundemann, L., Scholl, S.,: *From macro batch to micro conti manufacturing: a novel path to eco-efficient chemical processes,* 6th International Conference of the International Society for Industrial Ecology (ISIE), Berkeley, USA, 07.-10.06.2011

Kuschnerow, J.C., Scholl, S.: *Ionic Liquide as reusable catalyst for the transesterification in reactive distillation,* BASF's 122th International Summer course for Scientists and Engineers, Ludwigshafen, Germany, 16.-26.08.2011

Kuschnerow, J.C.,: *Anwendung ökonomischer Bewertungsmethoden in der Verfahrensentwicklung,* GDCh Wissenschaftsforum Chemie, Bremen, Germany, 01.-02.09.2011

Kuschnerow, J.C., Titze-Frech, K., Wasserscheid, P., Scholl, S.: *Ionische Flüssigkeiten als Umesterungskatalysatoren - Batch und kontinuierlicher Betrieb im scalupfähigen Miniplantreaktor,* GDCh Wissenschaftsforum Chemie, Bremen, Germany, 04.-07.09.2011

Titze-Frech, K., Kuschnerow, J.C., Schulz, P.S., Scholl, S., Wasserscheid, P.: *Novel Bronsted acidic ionic liquids as homogeneous catalyst for transesterification reactions,* 8th European Congress of Chemical Engineering together with ProcessNet-Annual Meeting, Berlin, Germany, 2011

Wesche, M., Kuschnerow, J.C., Scholl, S.: *Introduction of Ionic Liquids as a new catalyst in the homogeneous catalysed transesterification - Handling uncertainty during ecobalancing,* 16. Umberto User Workshop, Berlin, Germany, 2011

Jasch, K., Scholl, S.: *Numerical and experimental investigations of the hydraulic and thermal performance of rough micro channels,* 4th International Conference on Heat Transfer and Fluid Flow in Microscale, Fukuoka, Japan, 04.-09.09.2011

Jasch, K., Scholl, S.: *Process Intensification through surface roughness in micro channels: experiments and numerical simulations,* 8th European Congress of Chemical Engineering, Berlin, Germany, 25.-29.09.2011

Grundemann, L., Scholl, S.: *Increasing resource efficiency by transferring batch to continuous processes,* European Coatings Congress 2011, Nürnberg, Germany, 28.-30.03.2011

Grundemann, L., Kuschnerow, J. C., Brinkmann, T., Scholl, S.: *Using ecological assessment during the conceptual design phase of chemical processes – a case study, Proceedings of the 18th CIRP International Conference on Life Cycle Engineering,* Braunschweig, Germany, 02.-05.05.2011; in: Hesselbach, J., Herrmann, C. (Hrsg.): Glocalized Solutions for Sustainability in Manufacturing 2011, pp. 617-622

Titze-Frech, K., Kuschnerow, J.C., Schulz, S., Scholl, S., Wasserscheid, P.: *Novel Brönsted acidic ionic liquids as homogeneous catalyst for transesterfication reaction,* 8th European Congress of Chemical Engineerung together with ProcessNet-Annual Meeting, Berlin, Germany, 2011

Augustin, W., Scholl, S.: *Von Milch bis Autoabgasen: Minderung von Fouling in Wärmeübertragern,* Seminar „Strömungs- und Energietechnik“, Universität Rostock, Rostock, Germany, 13.01.2012

Föste, H., Helbig, M., Majaschak, J.-P., Augustin, W., Scholl, S.: *Application of Pulsed Flow for the Enhancement of CIP Processes,* EHEDG World Congress on Hygienic Engineering and Design, Valencia, Spain, 07.-08.11.2012

Augustin, W., Scholl, S.: *Materialen mit verbesserten Eigenschaften für gegebene milchwirtschaftliche Prozesse,* 7. MIV-Ideenbörse Forschung, Fulda, Germany, 14.-15.11.2012

Waluga, T., Scholl S.: *Integrierte Produktabtrennung mit Hilfe der selektiven Adsorption und Extraktion,* Workshop: Neue Prozessfenster für die biotechnologische Produktion, Hamburg, Germany, 16.02.2012

Mayer, M., Augustin, W., Scholl, S.: *Haftkraftmessung von Einzelkristallen auf modifizierten Oberflächen beim Kristallisationsfouling,* ProcessNet-Fachausschuss Agglomerations- und Schüttguttechnik & Kristallisation, Wittenberg, Germany, 05.-06.03.2012

Bucko, J., Mayer, M., Augustin, W., Scholl, S. Benzinger, W., Dittmeyer, R.: *Kristallisationsfouling in Mikrowärmeübertragern – Experimentelle Untersuchungen zum Wärme- und Stofftransport,* ProzessNet-Fachausschuss Wärme- und Stoffübertragung, Weimar, Germany, 22.-23.03.2012

Hammerschmidt, J., Scholl, S.: *Naturumlaufverdampfer: Möglichkeiten zur Erweiterung des Einsatzbereiches,* Jahrestreffen der Fachgruppe Wärme- und Stoffübertragung, Weimar, Germany, 22.-23.03.2012

Bradtmöller, C., Janzen, A., Kenig, E., Scholl, S.: *Einfluss der Viskosität auf den Hold-up und die Benetzung von strukturierten Packungen in Rektifikationskolonnen,* Jahrestreffen der Fachgruppe Wärme- und Stoffübertragung, Weimar, Germany, 22.-23.03.2012

Wellner, N., Siebeneck S., Scholl, S.: *Kontinuierliche Entwässerung Ionischer Flüssigkeiten mittels Fallfilmverdampfung,* Jahrestreffen der Fachgruppe Wärme- und Stoffübertragung, Weimar, Germany, 22.-23.03.2012

Schoenitz, M., Warmeling, N., Augustin, W., Scholl, S.: *Continuous Crystallization of lipid nanoparticles in a micro heat exchanger: Process Performance and Fouling Visualization,* Proceedings of 3rd European Conference on Microfluidics, Heidelberg, 03.-05.12.2012

Waluga, T., Scholl S.: *Adsorption of Laminaribiose in an in-situ product recovery process,* 4th International Conference on Porous Media and its Applications in Science, Potsdam, Germany, 17.-22.06.2012; in: AIP Conf. Proc. 1453 (2012), pp. 271-275

Wellner, N., Siebeneck, K., Scholl, S.: *Falling Film Evaporator: Drying of Ionic Liquids with Low Thermal Stress,* CHISA, Prag, Czech Republic, 25.-29.08. 2012; in: Chem. Eng. Technol. 29 (2012) pp. 571 - 576

Mayer, M., Augustin, W., Scholl, S.: *Modellierung der Abtragung beim Kristallisationsfouling auf wärmeübertragenden Flächen,* ProcessNet-Jahrestagung, Karlsruhe, Germany 10.-13.09.2012; in: Chem. Ing. Tech. 84 (2012) 8, pp. 1368-1369

Mayer, M., Bucko, J., Benzinger, W., Augustin, W., Dittmeyer, R., Scholl, S.: *Kristallisationsfouling in μ-Wärmeübertragern,* ProzessNet-Jahrestagung, Karlsruhe, Germany, 10.-13.09.2012; in: Chem. Ing. Tech. 84 (2012) 8, pp. 1396

Waluga, T., Zein, M., Jördening, H.-J., Scholl, S.: *ISPR-Adsorption trienzymatisch katalysierter Oligosaccharide,* ProcessNet-Jahrestagung und 30. Jahrestagung der Biotechnologen, Karlsruhe, Germany, 10.-13.09.2012

Zein, M., Waluga, T., Scholl, S., Jördening, H.-J.: *Trienzymatic catalyzed synthesis for the production of laminaribiose,* 6th International Congress on Biocatalysis, Hamburg, Germany, 02.-06.09.2012

Bradtmöller, C., Scholl, S.: *Einfluss der Viskosität bei der Rektifikation in Miniplant-Kolonnen,* ProcessNet Jahrestagung und 30. DECHEMA Jahrestagung der Biotechnologen, Karlsruhe, germany, 10.-13.09.2012; in: Chem. Ing. Tech. 84 (8) 2012, pp. 1269-1270

Schoenitz, M., Joseph, S., Bunjes, H., Finke, J., Müller-Goymann, C., Scholl, S.: *Kontinuierliche Kristallisation von Lipid Nanopartikeln als Wirkstoffträgersysteme,* ProcessNet Jahrestagung und 30. DECHEMA Jahrestagung der Biotechnologen, Karlsruhe, 10.-13.09.2012; in: Chem. Ing. Tech. 84 (8) 2012, pp. 1393

7 Forschungsaufenthalte im Ausland und Gastwissenschaftler

7.1 Auslandsaufenthalte

University of Cambridge, GB:

- Dr.-Ing. Wolfgang Augustin
- Dipl.-Ing. Martin Schoenitz
- Dipl.-Ing. (FH) Henning Föste

University of Rhode Island, USA

- Prof. Dr.-Ing. Stephan Scholl

7.2 Gastwissenschaftler

Dr. Ian Wilson, University of Cambridge, Großbritannien

Akin Ali , University of Cambridge, Großbritannien

Jen-Yi Huang , University of Cambridge, Großbritannien

Dr. John Chew, University of Bath, Großbritannien

Dr. Thierry Benezech, INRA, Frankreich

8 Mitarbeit in Gremien

Prof. Dr.-Ing. Stephan Scholl

seit 08/2003	Fachgutachter Deutsche Forschungsgemeinschaft
seit 01.07.2003	Vertreter des Fachbereichs Maschinenbau der TU Braunschweig im Fakultätentag Maschinenbau und Verfahrenstechnik FTMV e.V.
seit 20.06.2005	berufenes Mitglied im ProcessNet Fachausschuss „Adsorption“
seit 01.04.2006	stellv. Mitglied im Fakultätsrat Maschinenbau
seit 01.07.2006	berufenes Mitglied im ProcessNet Fachausschuss „Wärme- und Stoffübertragung“
seit 24.07.2007	berufenes Mitglied im ProcessNet Fachausschuss „Fluidverfahrenstechnik“

seit 16.06.2008	berufenes Mitglied im ProcessNet Fachausschuss „Aus- und Fortbildung in der Verfahrenstechnik“
seit 01/2009	Mitglied im Editorial Adviory Board des *Journal of Non-Equilibrium Thermodynamics*
seit 06/2009	Berufenes Mitglied im Beirat der „Landesinitiative Brennstoffzelle und Batterietechnologie des Niedersächsischen Ministeriums“
seit 06/2011	Berufenes Mitglied der Arbeitsgruppe „Innovative Projekte AGIP“ des Niedersächsischen Ministeriums für Wissenschaft und Kultur

Dr.-Ing. Wolfgang Augustin

seit 01.04.2007	Mitglied der Strategiekommission der TU Braunschweig

Dipl.-Ing. Jan Christopher Kuschnerow

seit 02/2008	Mitglied der kreativen jungen Verfahrensingenieure „kjVI“ des VDI
10/2010 – 10/2012	2. Vorsitzender der kreativen jungen Verfahrensingenieure
seit 11/2010	Berufenes Mitglied in der ProcessNet Fachgruppe „Aus- und Fortbildung in der Verfahrenstechnik“

Dipl.-Ing. Ariane Unterlauft

seit 2012	Mitglied bei den kreativen jungen Verfahrensingenieuren „kjVI“ des VDI
seit 2011	Mitglied beim Netzwerk Doppeldiplom

Dipl.-Biotechnol. Thomas Waluga

seit 01/2008	beratendes Mitglied in der Studienkommission der Fakultät für Maschinenbau

Dipl.-Ing. Steffi Höft

seit 04/2011	gewähltes Mitglied im Fakultätsrat

Dipl.-Ing Niels Wellner

seit 06/2011	Mitglied der EDV-Kommission
seit 03/2012	Mitglied in der Wahlkommission der wissenschaftlichen Mitarbeiter